绽放

缠花创意设计及手工制作指南

舟郎顾 著

人民邮电出版社
北京

图书在版编目（CIP）数据

绽放 : 缠花创意设计及手工制作指南 / 舟郎顾著
. -- 北京 : 人民邮电出版社, 2022.10
ISBN 978-7-115-59585-0

Ⅰ. ①绽… Ⅱ. ①舟… Ⅲ. ①手工艺品－制作－指南
Ⅳ. ①TS973.5-62

中国版本图书馆CIP数据核字(2022)第113095号

内 容 提 要

丝线缠出百样情，百花竞艳栩栩如生。缠花是非常优美典雅的手工，本书作者舟郎顾的缠花作品更是独具特色，充满了设计感。

本书共分为六章，带领读者系统学习手工缠花饰品的制作技巧。第一章简单介绍缠花这种手工艺的背景，以及制作缠花所需的材料与工具；第二章介绍制作缠花的基本流程和基本技法，包括不同花片的缠法、绑花技法、配件制作技法等；第三章介绍制作缠花的进阶技巧，作者在这一章中分享了很多自己的“独门秘技”，可以极大地提升缠花作品的表现力；第四章为实例练习，详细讲解10个具有代表性的缠花作品的制作流程；第五章为作者不同系列的缠花作品欣赏；第六章分享了一些常用的缠花花片图稿。

本书的案例优美典雅，针对手工缠花技法的教学系统、全面，既适合缠花爱好者使用，也适合相关行业用作培训教材。

◆ 著　　　　舟郎顾
责任编辑　宋　倩
责任印制　周昇亮
◆ 人民邮电出版社出版发行　　北京市丰台区成寿寺路 11 号
邮编　100164　　电子邮件　315@ptpress.com.cn
网址　https://www.ptpress.com.cn
北京宝隆世纪印刷有限公司印刷
◆ 开本：700×1000　1/16
印张：11　　　　2022 年 10 月第 1 版
字数：192 千字　　　　2024 年 12 月北京第 11 次印刷

定价：79.80 元

读者服务热线：(010)81055296　印装质量热线：(010)81055316
反盗版热线：(010)81055315
广告经营许可证：京东市监广登字 20170147 号

序言

「缠花」作为中国的传统手工艺，其成品有着轻盈、灵动的造型和自然、雅致的光泽。缠花饰品的制作比较容易上手，随着现在越来越多的手工艺人开始学习与制作缠花饰品，缠花这门手工艺逐渐走进大众视野。

本书以分享制作缠花饰品的过程与作品赏析为主，所展现的内容不只是简单的手工艺术品，还包括制作者对传统艺术的思考及对我国优秀文化的传承与发扬。

笔者希望本书能让更多读者、手工爱好者在了解我国的优秀传统文化的同时，还能在手工制作的过程中有更多的创作思路，对作品产生新的理解。

目录

叁　缠花进阶技巧

肆　案例巩固

壹 初识缠花

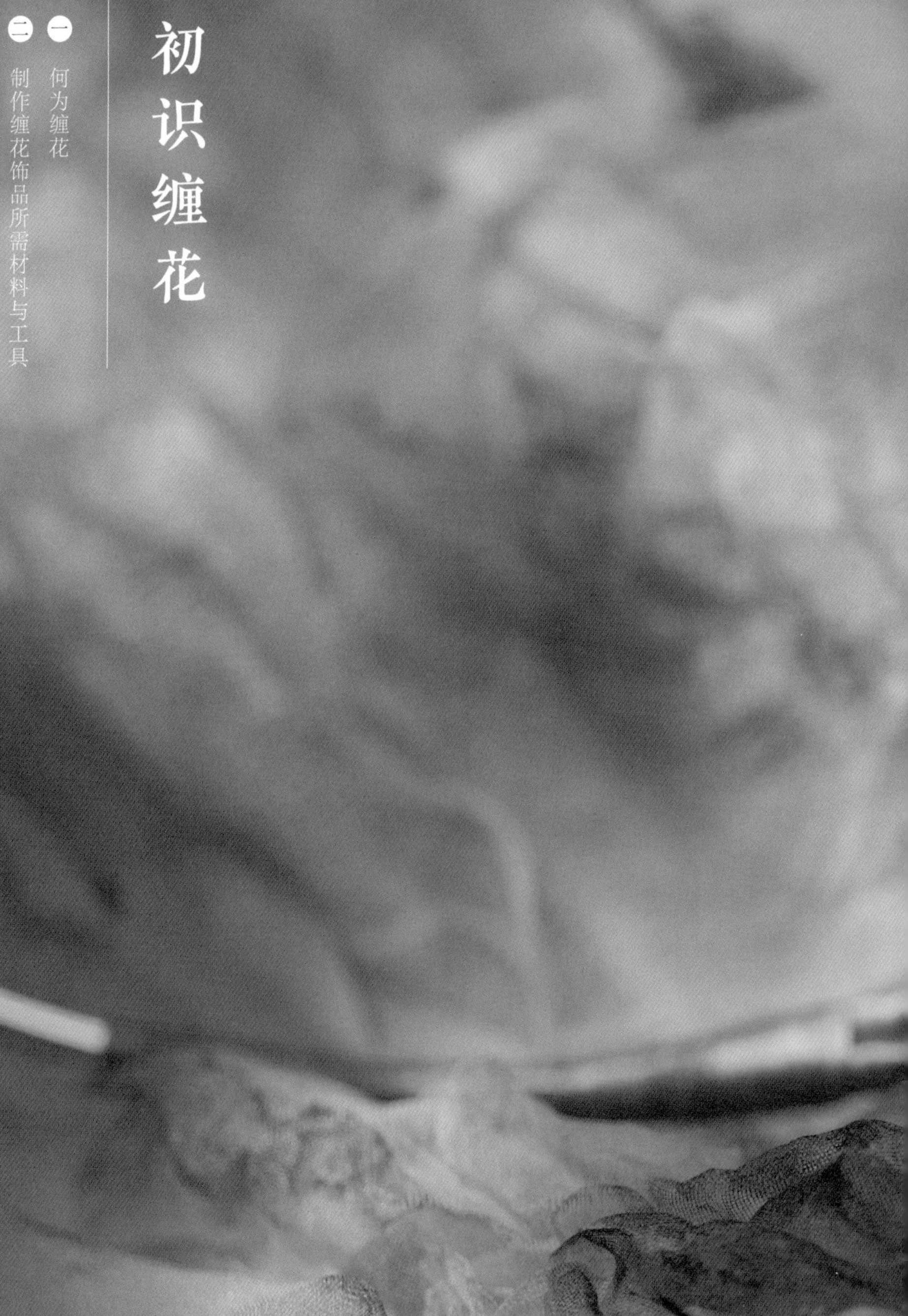

何为缠花

随着汉服的流行与“国风”文化的兴起，无论是在影视剧还是在日常生活中，传统服饰与工艺品逐渐随处可见，缠花饰品便是其中的典型代表。

玫瑰缠花发梳

仙鹤缠花发饰

【青樱红荔】缠花发梳

【双蛾戏火】缠花发钗

本书介绍的传统“非遗”手工艺“缠花”，就是用丝线在以纸板和金属丝扎成的坯架上缠绕，制作出各种形状的花片，从而组装出各种类型的艺术作品的一种工艺。

缠花由古时的簪花习俗演变而来，“缠花”一词最早出现在北宋诗人宋祁《春帖子词·皇后阁十首》中的“宝幡双帖燕，彩树对缠花”。传统缠花手工艺品不仅仅用作簪花佩戴，也用于节庆祈福、婚庆、祭祖等场合。目前，湖北的英山缠花已被列入湖北省非物质文化遗产名录，此外各地也有许多制作缠花饰品的传统手工艺人。

【九尾环月】缠花发钗

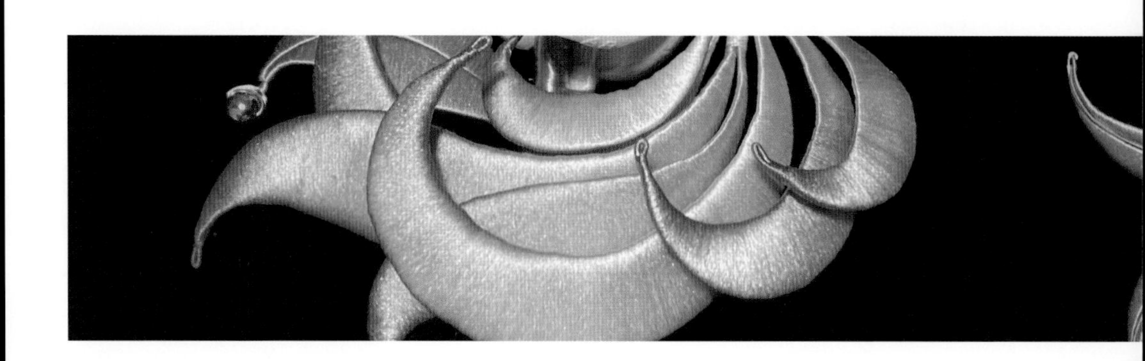

【发财竹】缠花发簪

缠花工艺上手较快，因而成为许多手工艺者发展的方向。不同人手工技巧、技能的娴熟程度不同，缠花作品的风格也不同。要制作一个好的缠花作品，制作者不仅需要具备较强的手工能力，还需具备耐心与设计上的巧思。

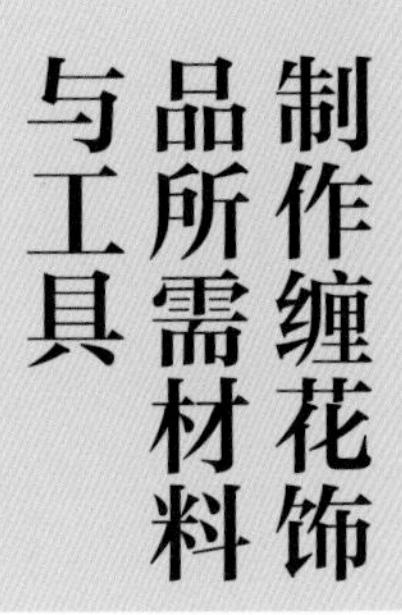

二 制作缠花饰品所需材料与工具

◆ 缠花材料

卡纸

制作缠花饰品需要用到具有一定的厚度与硬度的卡纸，在许多网店都可购买到，可按需要自行选择，推荐大家购买350g的卡纸。

丝线

可用于缠花的丝线种类有很多，如蚕丝线、丝绒线、幻彩扁丝、棉线、高亮绒线等，具体可自行选择。这里推荐几种常用丝线，并列出不同丝线的特点及其成品效果图。

蚕丝线

蚕丝线是制作缠花饰品常用的丝线，其优点是光泽好、不易滑线。一般将一股蚕丝线分为两股缠花，这样成品平整度会更高。蚕丝线分为普通蚕丝线、渐变蚕丝线、紧捻蚕丝线等，用不同的蚕丝线制作有不同的效果。

普通蚕丝线

普通蚕丝线花片成品效果图

渐变蚕丝线

渐变蚕丝线花片成品效果图（自带渐变染色效果）

紧捻蚕丝线

紧捻蚕丝线花片成品效果图（自带水波纹理）

丝绒线

丝绒线的优点是光泽好，价格实惠且不易滑线，易湿水，染色效果自然，推荐新手尝试。

丝绒线

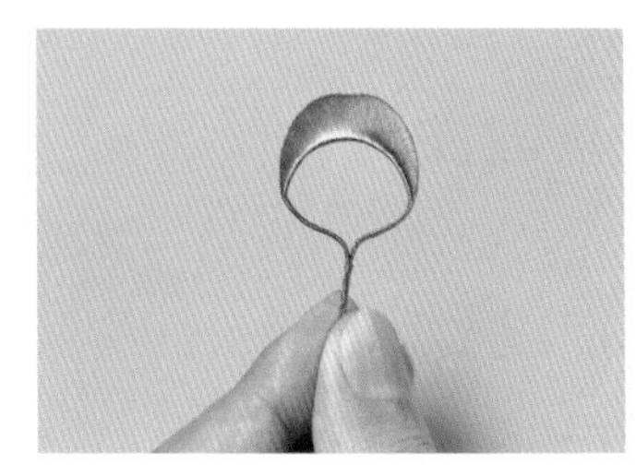

丝绒线花片成品效果图

金属丝

金属丝可以作为缠花花片的骨架，用于固定花片与造型。

推荐使用0.4mm粗的铜丝，其硬度合适，易于造型，且较铁丝不易氧化。

铜丝的颜色也可以根据作品来选择。

铜丝

◆ 辅助工具及配件

剪刀类

制作花片的卡纸需要剪下来，由于花片的尺寸与形状多种多样，推荐使用尺寸较小的尖头剪刀和弯头剪刀。

锯齿剪刀可以用来剪一些弧度大的花片，可以增加卡纸边缘的摩擦力，使卡纸不易滑线。

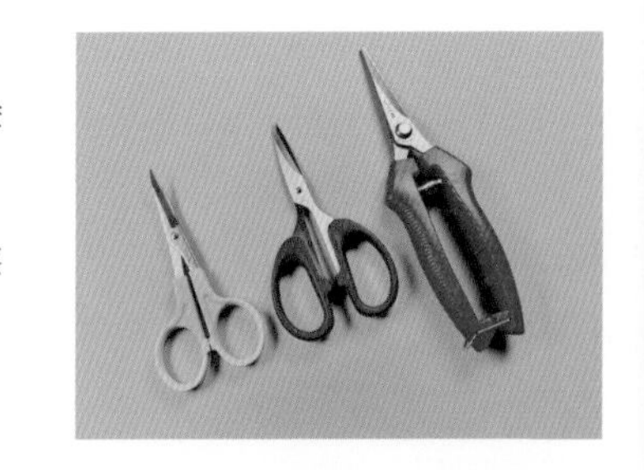

剪钳类

剪钳：用于修剪铜丝，使其长短和粗细合适。

圆嘴钳：用于铜丝以及部分金属配件的造型。

尼龙钳：在夹扁花片和花秆以及造型时不会损坏丝线。

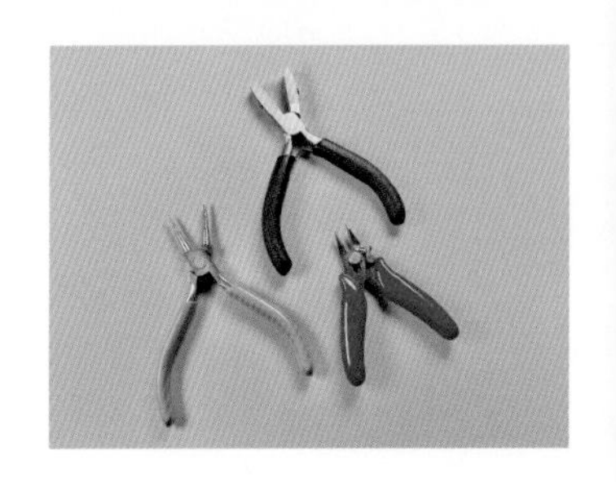

固定类

白乳胶、定型发胶喷雾、锁边液，是常用的三种固定缠花花片的辅助工具。

向缠好的花片喷适量定型发胶喷雾或锁边液，可以起到定型的作用，延长缠花饰品的使用寿命。（注：使用丝绒线制作的花片不建议使用锁边液，因为锁边液会使丝绒线光泽度受一定影响。）

在制作过程中可以用白乳胶固定丝线。

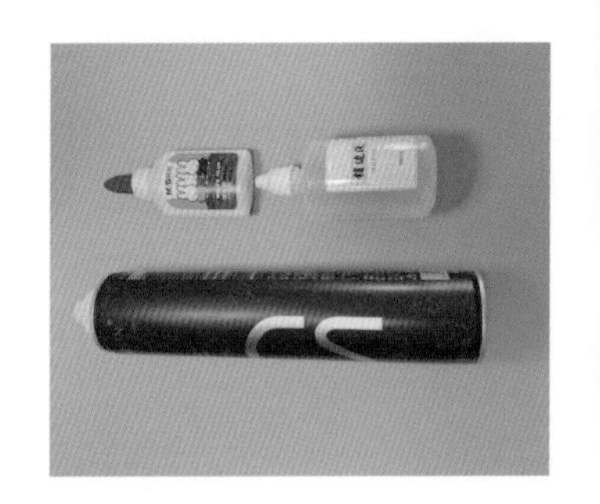

其他类

可以根据需要用染色工具对制作好的花片进行上色，做出渐变效果。推荐使用固体水彩颜料，尤其是固体珠光水彩颜料。

绑线

绑线用来固定做好的花片，也可以用来绑花秆，防止露出铜丝。

常用的绑线有QQ线、丝绒线、人造丝等。

绑线过程中需要将丝线捋平整，这样绑线部分才会光滑干净。

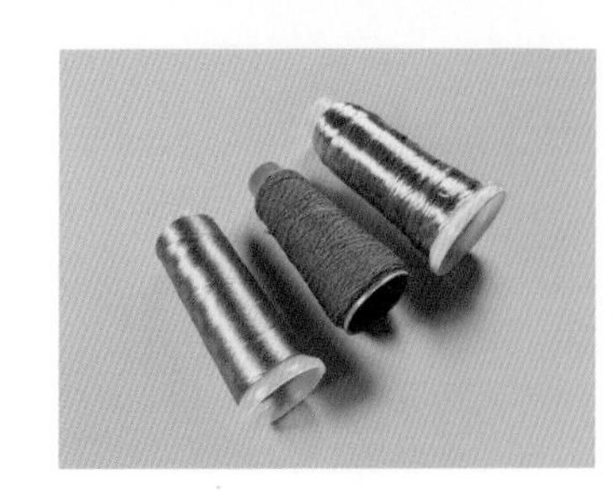

主体配件

可以根据要制作的饰品类型选择适合的主体，如发簪、发钗、发梳、发夹等；也可以不用主体，制作软簪。除了发饰外，还可以制作胸针或摆件。

除了发饰主体，也可将许多饰品配件与缠花相结合，如石膏花蕊、圆珠饰品等。

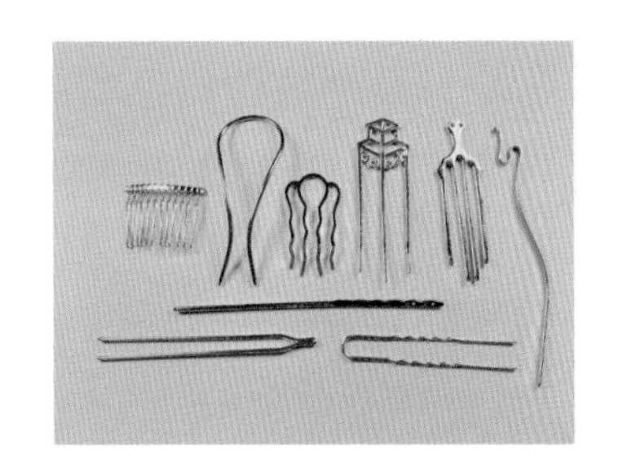

◆ 缠花饰品的收纳与保存

缠花饰品需要密封存放，禁水忌油，勿用蛮力拉扯。

不佩戴时可以将缠花饰品放入装有干燥剂的密封袋内，防止受潮与氧化。

贰 缠花技法

一 缠花基本流程

基础花片的缠法

基础花片是最常用的缠花花片类型，用来制作花瓣和叶片皆可。

1. 将卡纸从中间一分为二，并且准备好比花片长的铜丝。

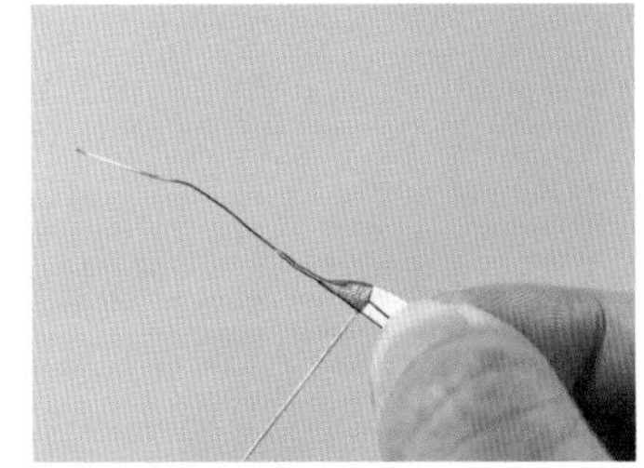

2. 用丝线在铜丝上缠绕一小段后往相反方向回缠，固定好丝线，使其不会松开，缠绕一定长度就可以加上花片了。

3. 将卡纸固定在铜丝上，用丝线顺着卡纸的形状平整地缠绕。

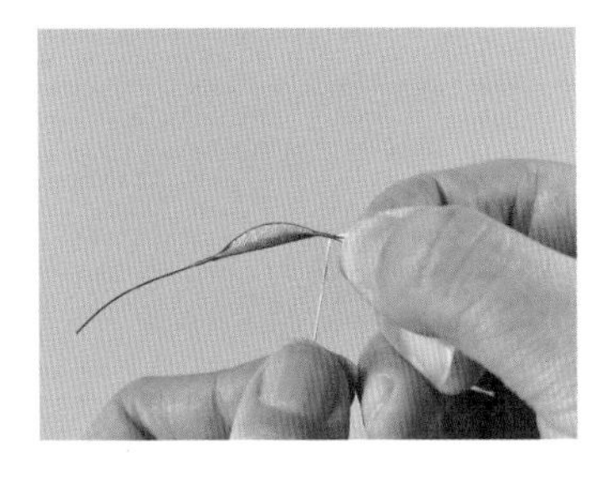

4. 缠好一片卡纸后，用丝线在铜丝上再缠绕一小段，然后将另一片卡纸放至与第一片对称的位置，用丝线开始缠绕。

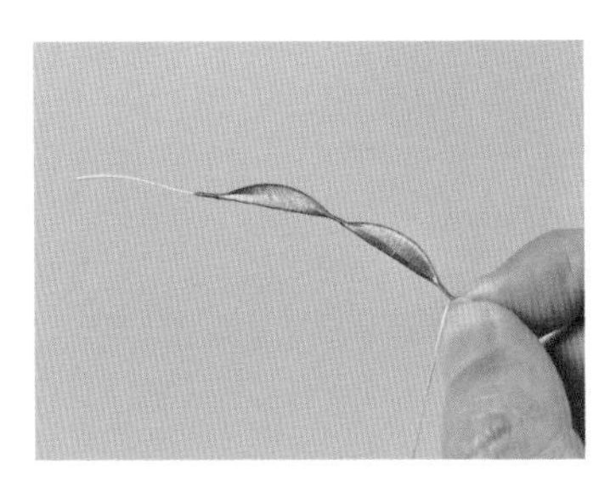

5. 缠绕至卡纸完全被丝线包裹住后检查一下花片的平整度，注意有无露白与滑线的情况。如果有露白情况，需要退回去重新缠绕。

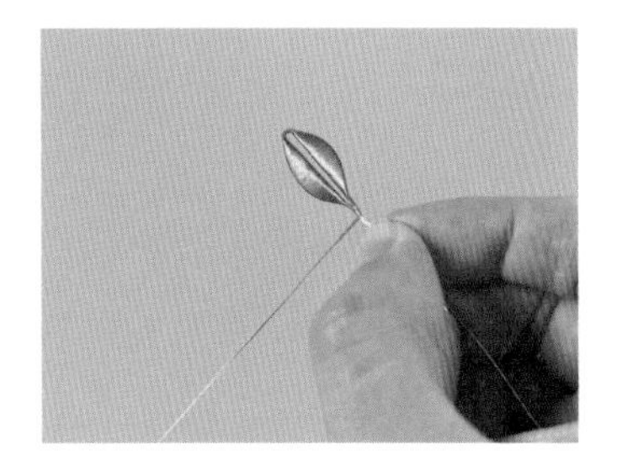

6. 将缠好的花片两端对齐绑在一起，使其对称。在结尾处涂白乳胶固定丝线，或直接将铜丝与丝线拧紧。

7. 如果花片上的丝线不平整，可以用打火机的内焰部分快速轻微燎一下。

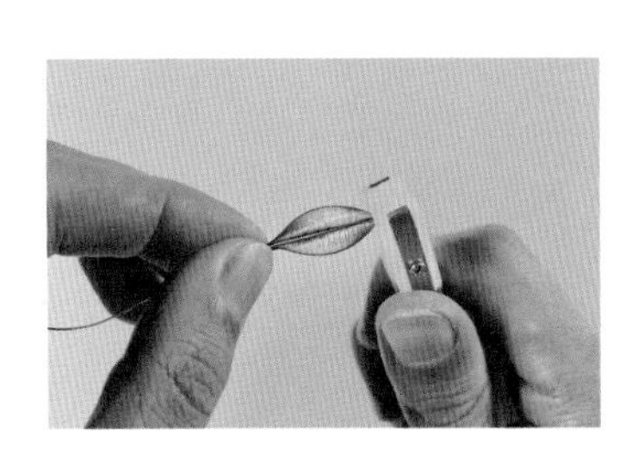

8. 用尼龙钳夹紧叶尖的铜丝部分，让花片完全闭合。

9. 一片基础花片便制作完成了。

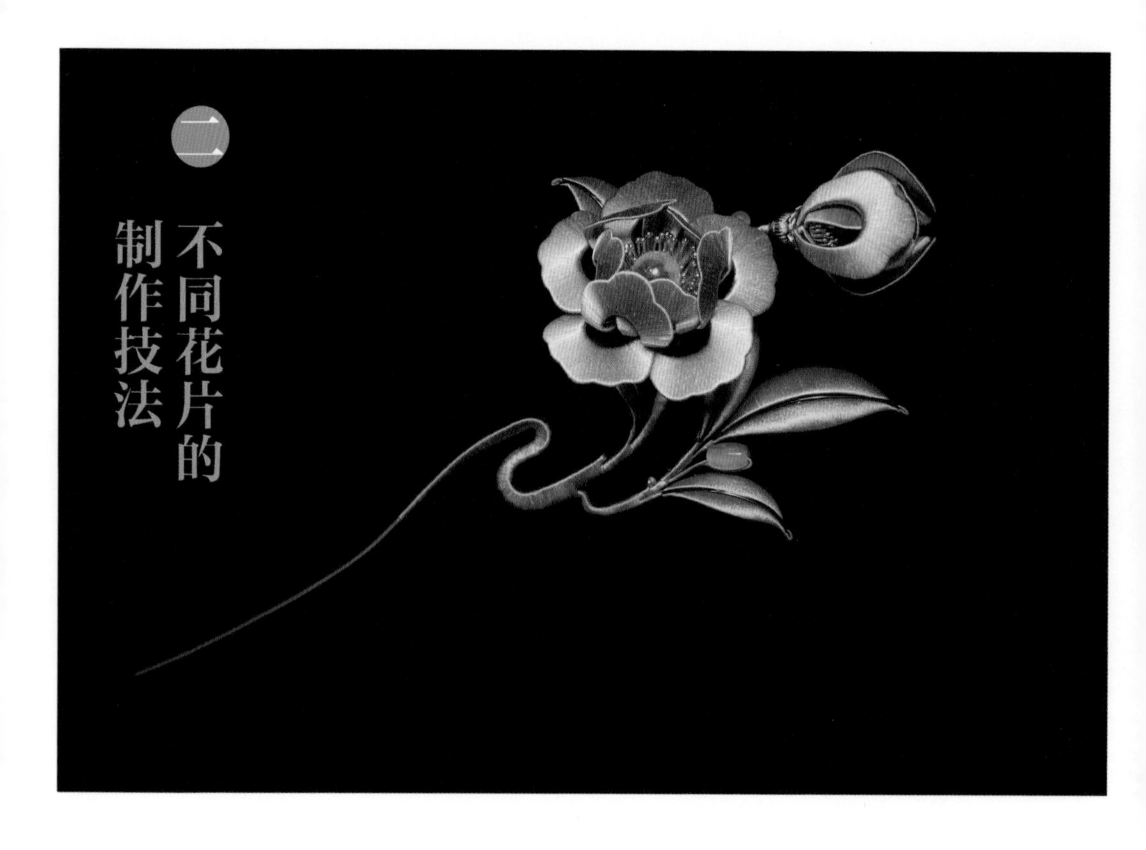

◆ 弧形花片的缠法

弧形花片的缠法相较于基础花片难度较大，丝线在卡纸上的分布可以参照示意图。

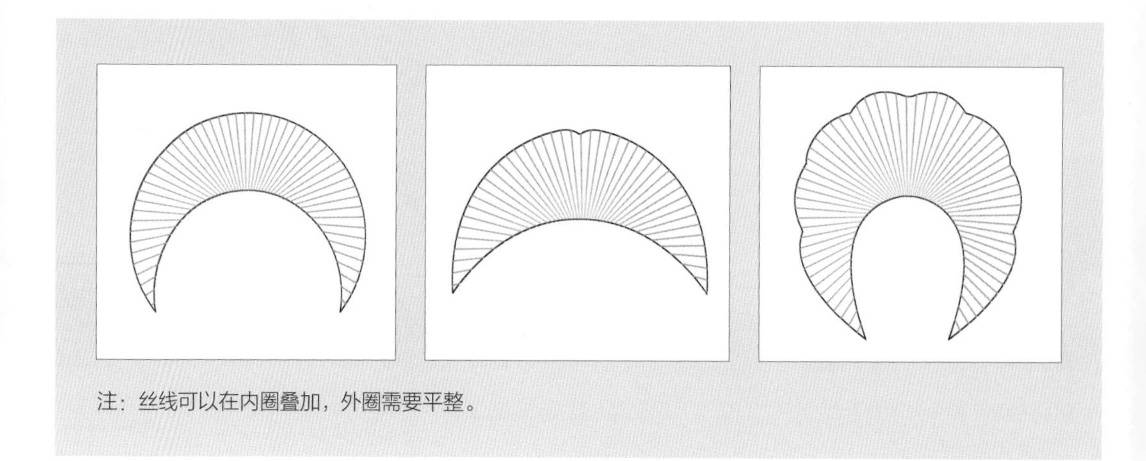

过程示例

1. 用丝线在铜丝上缠绕一段，缠绕的长度可以根据花片调整。

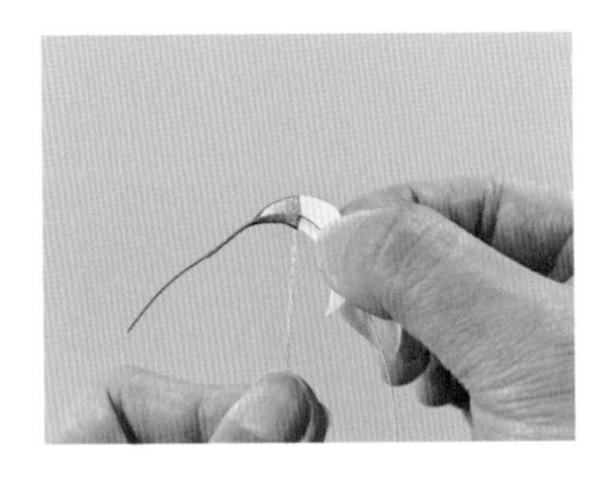

2. 将花片固定在铜丝上，用丝线按照示意图的方向平整缠绕。如果没有控制好缠绕方向，容易出现滑线与露白等情况。

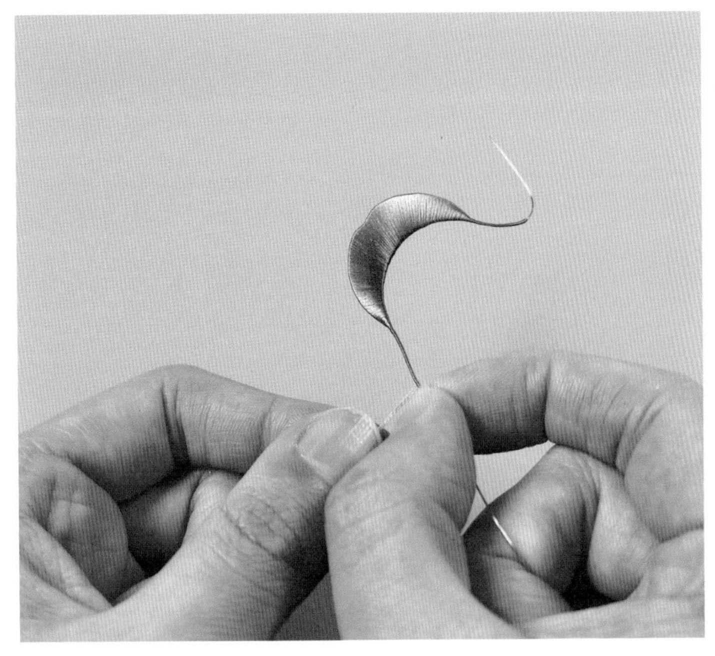

3. 缠好花片后，在结尾部分的铜丝上缠一段丝线，长度和开头缠绕铜丝的部分相当。

4. 将两头的铜丝合在一起，留出一定的铜丝，然后绑好固定，弧形花片就制作完成了。

◆ 三瓣形花片的缠法

多瓣形花片的缠法相较于基础花片难度较大，铜丝与卡纸的连接方法可以参照示意图。

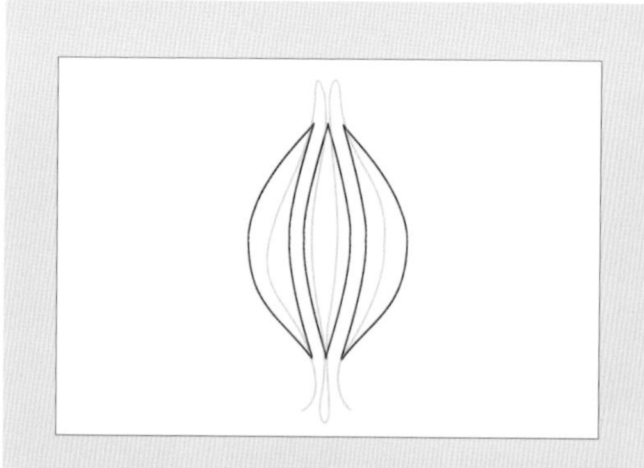

注：浅绿色部分代表铜丝。

1. 将花片剪好后按照顺序排列，准备一根较长的铜丝。

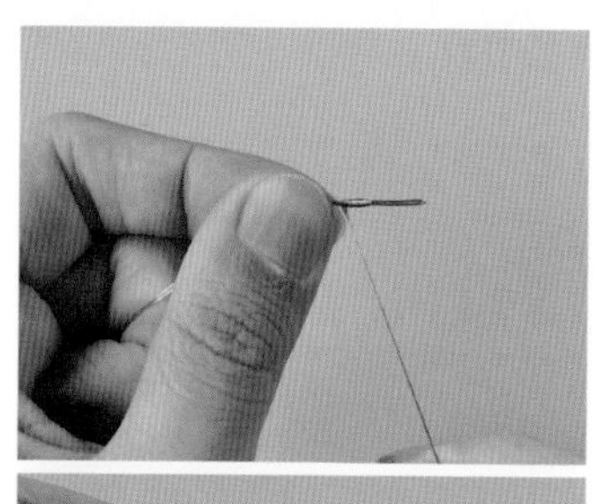

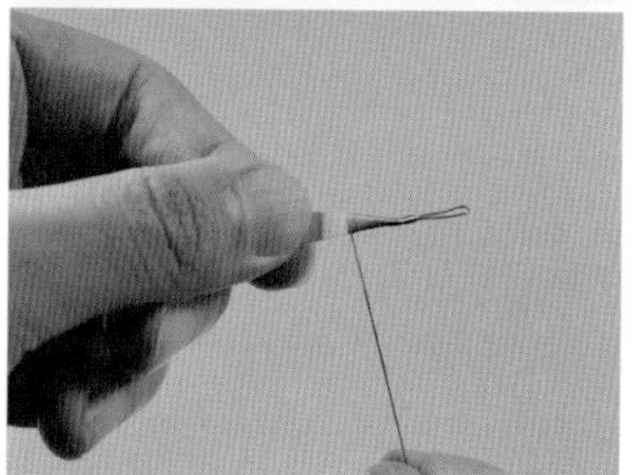

2. 将铜丝对折后留一段距离，从中间花片的底部开始缠绕。

3. 缠完后在顶部将铜丝分开，然后选择一根缠绕一段丝线。

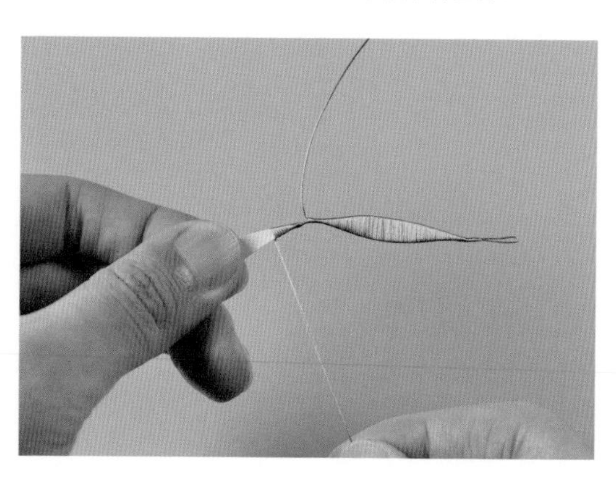

4. 将左边花片固定在铜丝上，用丝线开始缠绕。

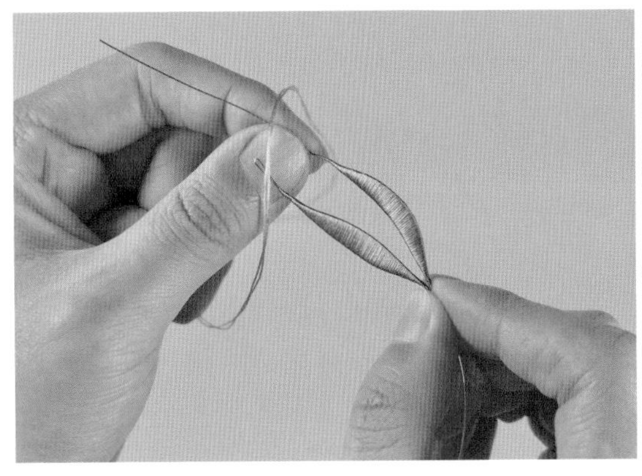
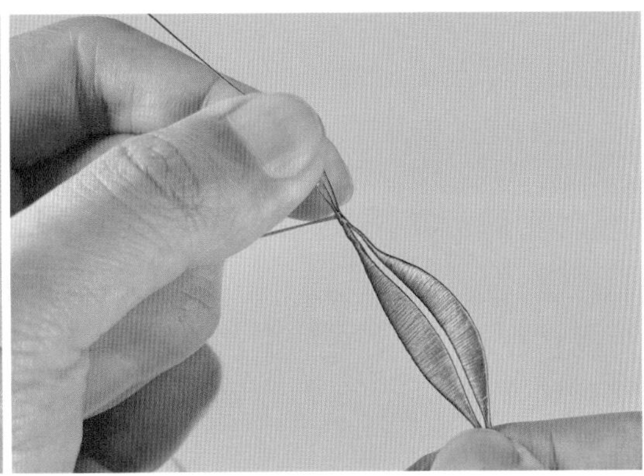

5. 缠好左边部分的花片后，将两片花片合在一起绑好。

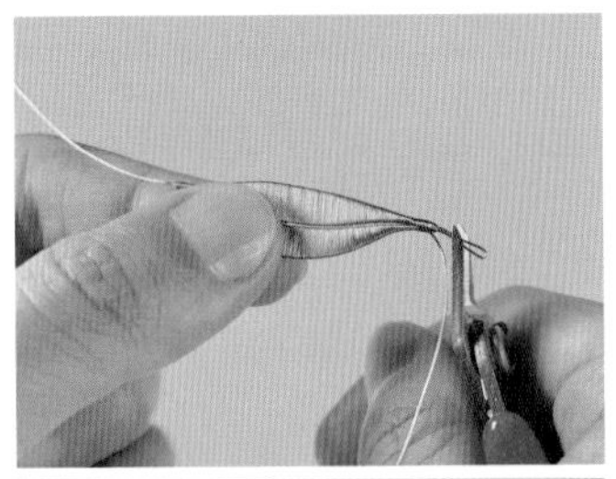
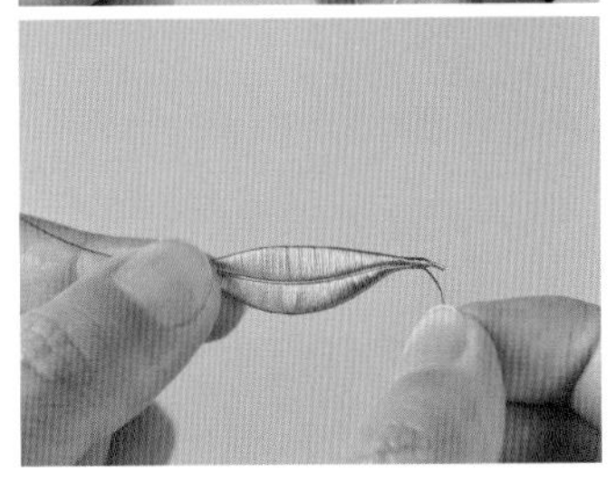

6. 将第2步中铜丝对折的部分剪断，注意不要剪到左边花片的铜丝。

7. 开始缠右边的部分。先用丝线在铜丝上缠绕一小段。

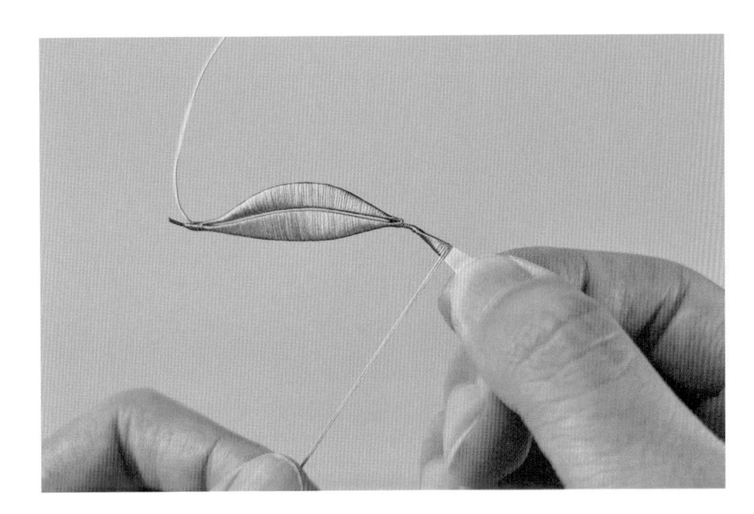

8. 将右边卡纸固定到铜丝上开始缠绕。

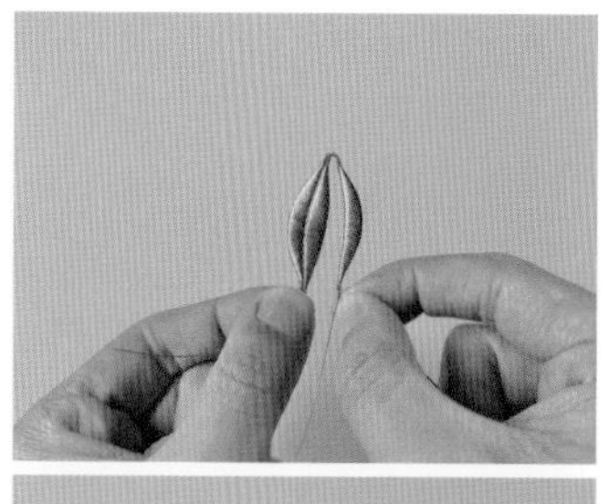

9. 缠好后将右边花片底部与已经缠好的部分并在一起。

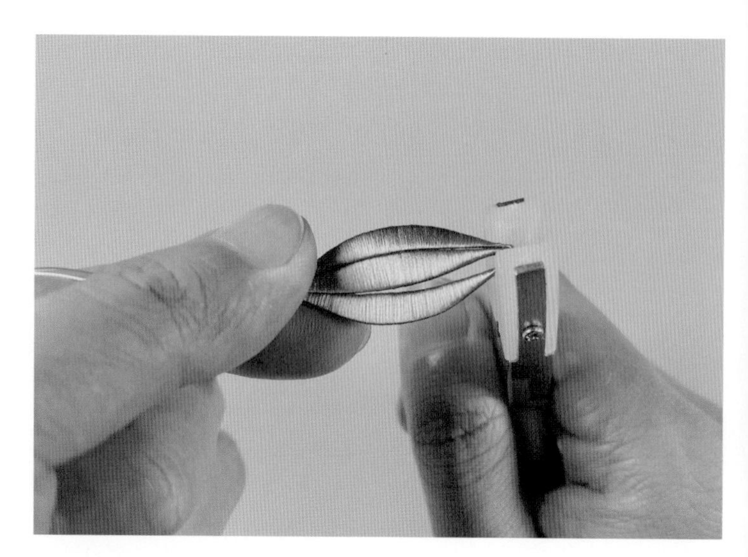

10. 用尼龙钳夹紧花片的顶部。

11. 三瓣形花片就制作完成了。

◆ 四瓣形花片的缠法

四瓣形花片的缠法与三瓣形花片类似，铜丝与卡纸的连接方法可以参照示意图。

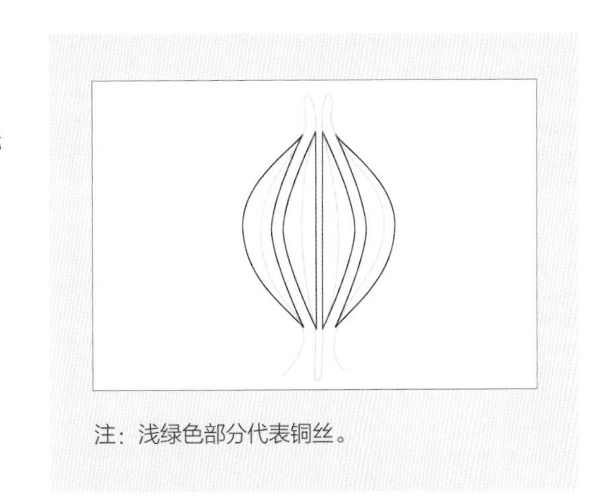

注：浅绿色部分代表铜丝。

1. 将卡纸剪好后按照顺序排列，准备一根较长的铜丝。

2. 按照从右至左的顺序，从最右边花片的底部开始缠绕。注意花片与花片相连的部位，需要参照示意图确定铜丝的走向。

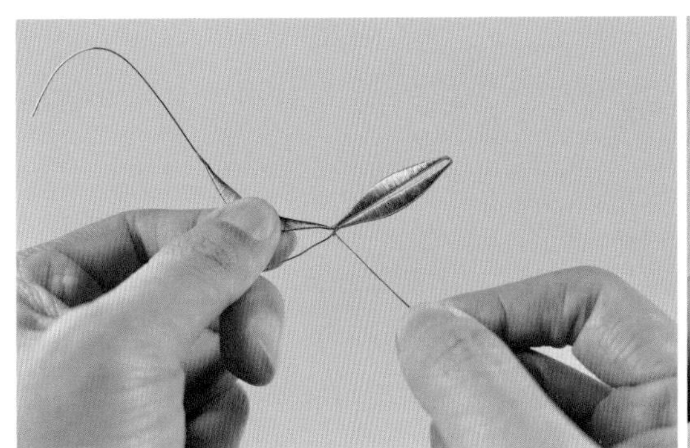

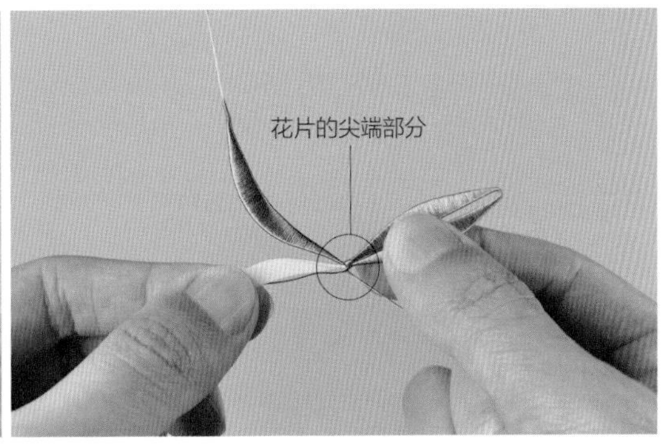

3. 缠完三片花片后，需要将中间的两片合并在一起，注意对齐，绑线处将作为整个花片的尖端部分。

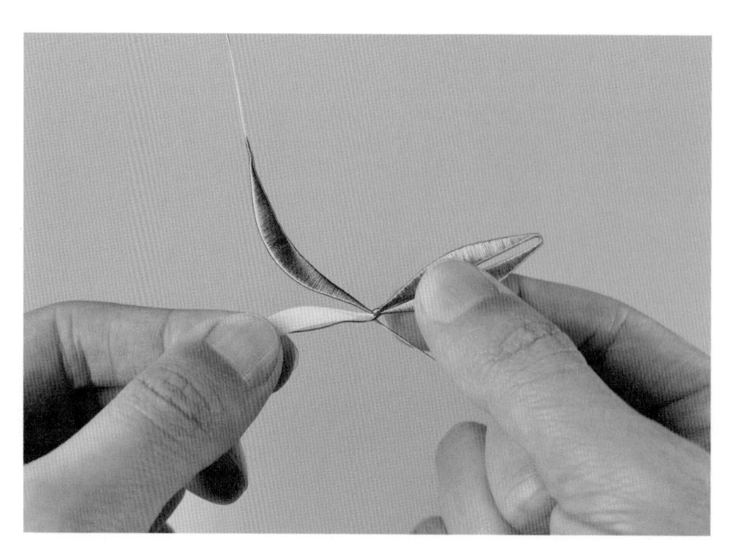

4. 将最后一片花片固定到铜丝上，开始缠绕。

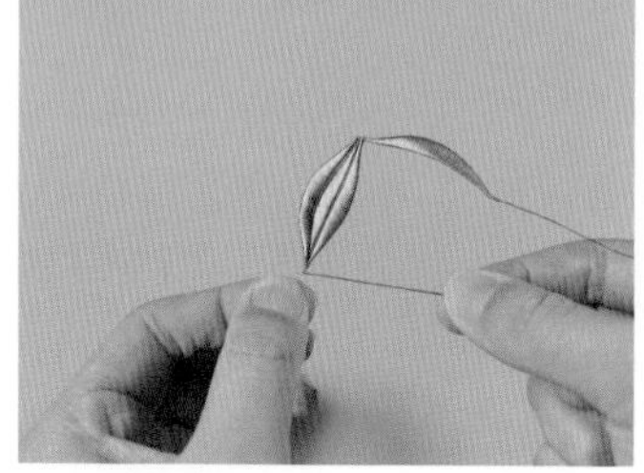

5. 缠好最后一片花片后将丝线穿过中间部分的铜丝孔洞，然后拉紧绑好，绑线处要将铜丝空隙部分拉紧。

6. 将剩余的花片与前面绑好的花片合在一起绑好，四瓣形花片就制作完成了。

◆ 单片花片的缠法

单片花片可以用来制作一些较小的花或是细长的叶片。

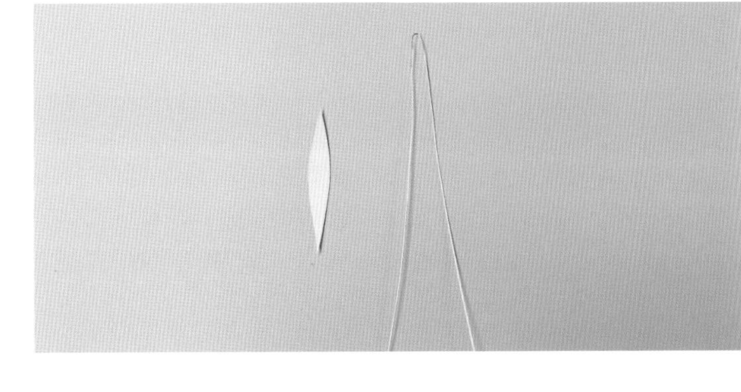

1. 剪好卡纸，注意花片不要太宽，两端部分尖一些，不容易滑线。准备一根较长的铜丝。

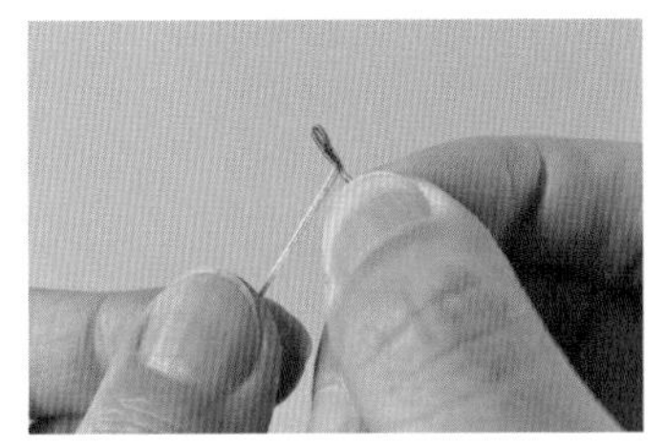

2. 在铜丝中间部分缠绕一段丝线，然后对折绑好。

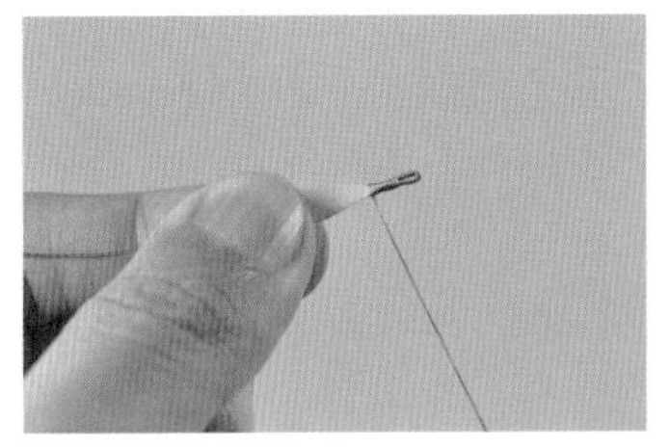

3. 加入花片进行缠绕。

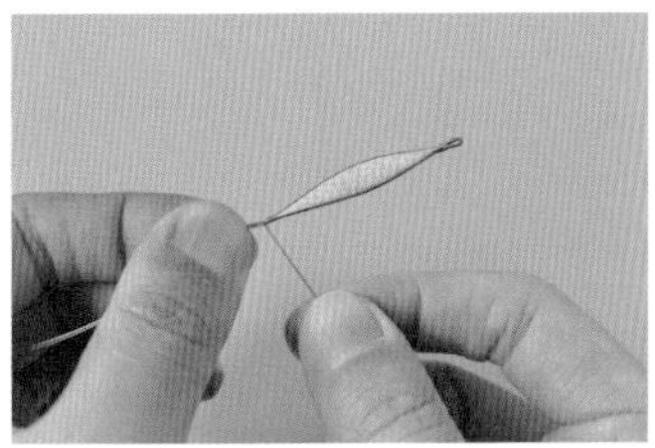

4. 缠至结尾部分。

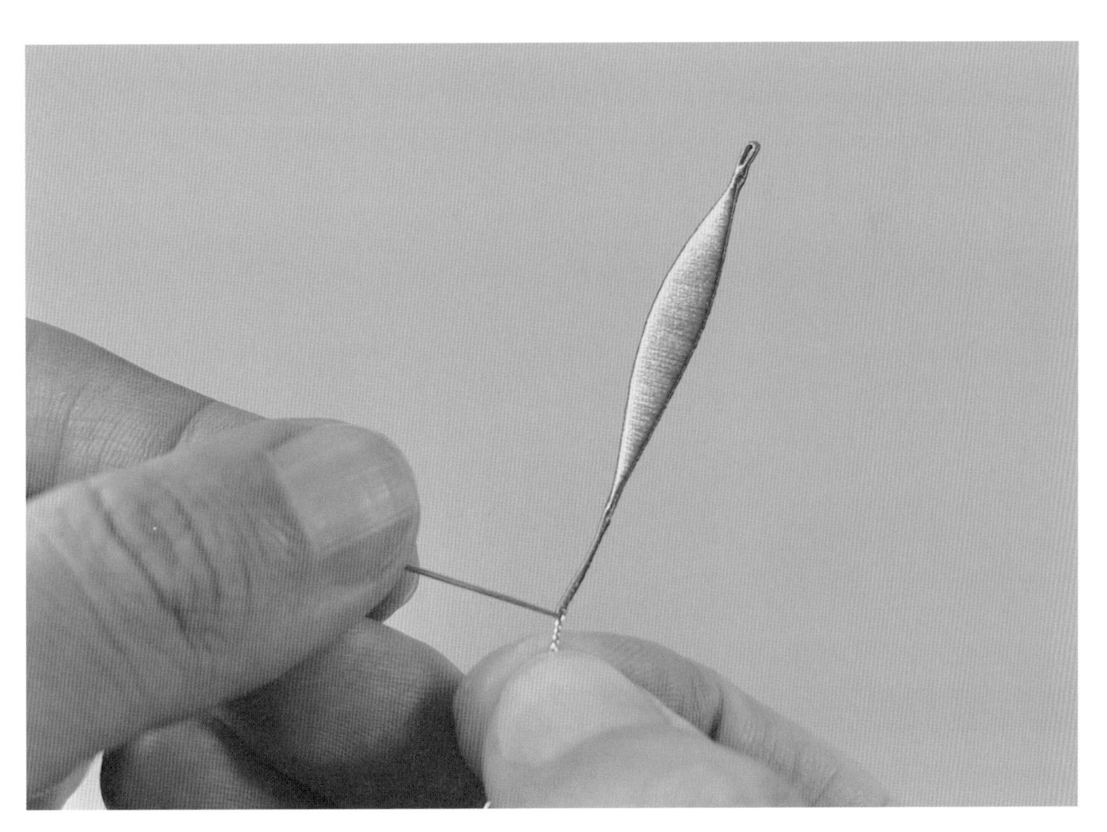

5. 在铜丝上缠一段丝线后，将铜丝拧紧固定，单片花片就制作完成了。

◆ 立体花片的缠法

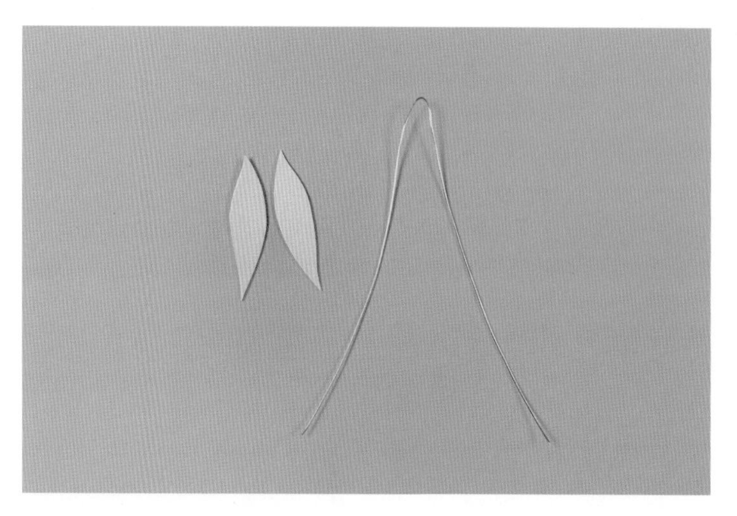

1. 准备两片对称的单片花片，卡纸边缘要有一定的弧度。准备一根较长的铜丝。

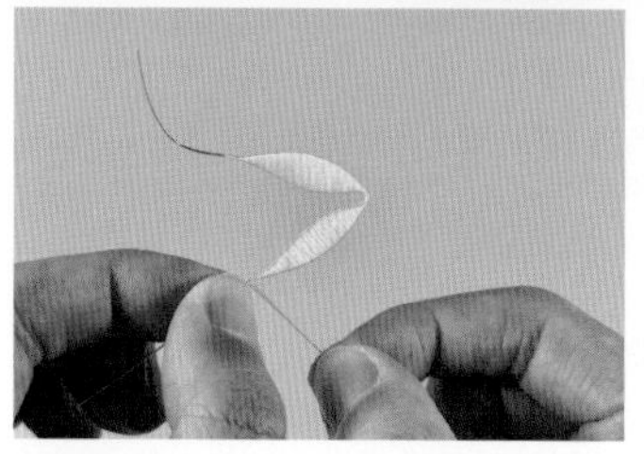

2. 将花片按照对称的造型开始缠绕。

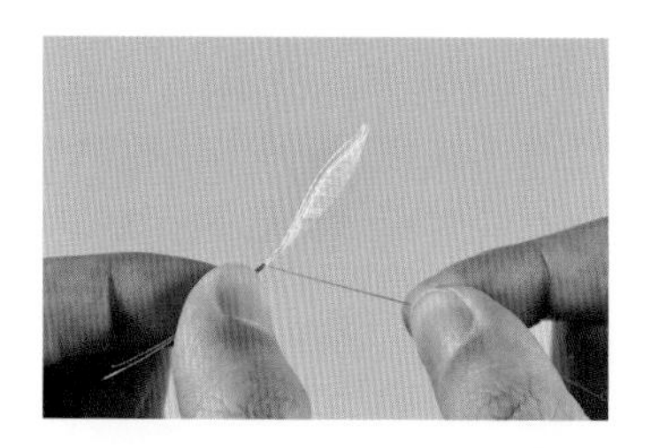

3. 将花片合在一起绑好，用指腹捏扁花片，注意两片花片需要完全重叠。

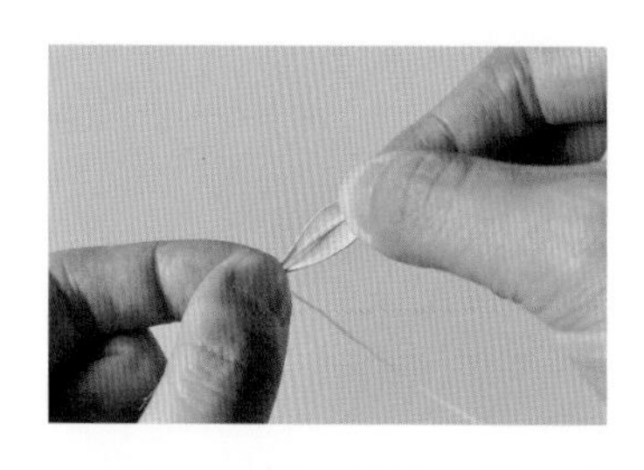

4. 用手指轻轻按压花片，使其形成一个船形的槽，注意结尾部分需要贴紧。

5. 调整一下造型，一片立体花片就完成了。

◆ 花片连缠技法

制作缠花饰品时，过多的花片可能会造成最后绑好的花秆太粗。解决这一问题，除了采用修剪铜丝的方法，还可以利用花片连缠技法。

用一根铜丝来连接多片花片，可使最后绑好的花秆部分更细。

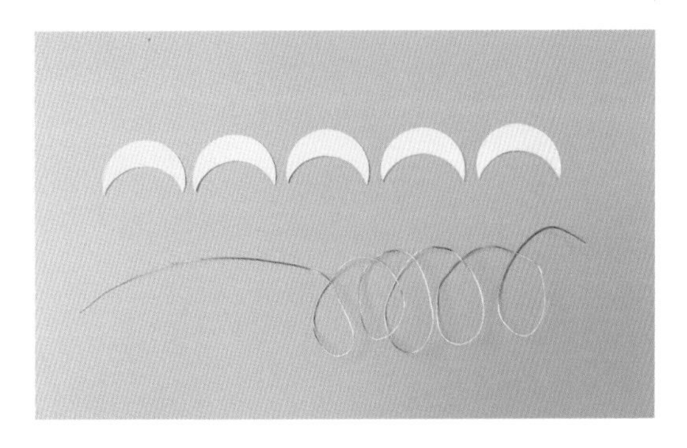

1. 准备好需要的花片和长度够用的铜丝，缠绕时需要注意花片的方向一致。

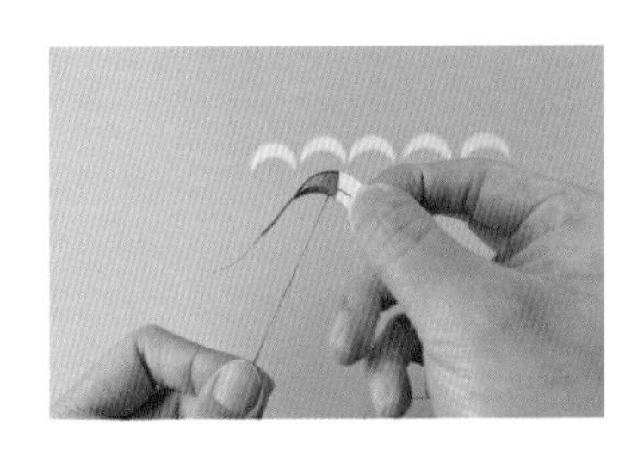

2. 用弧形花片的缠法开始缠第一片。

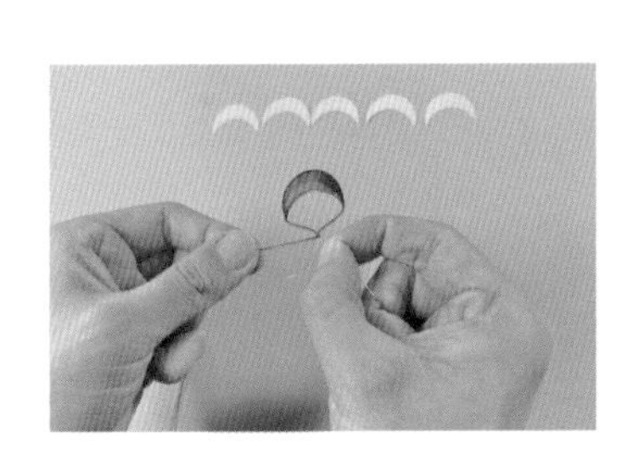

3. 将第一片花片绑好后不要剪断丝线，丝线不够长时可以在下一片的铜丝上接线。

4. 在铜丝较长的那头缠绕丝线，缠绕长度参考第一片。

5. 缠下一片花片。

6. 缠好花片后参考上一片花片的结尾缠绕铜丝，避免不同花片对应缠绕的铜丝长度不一致。

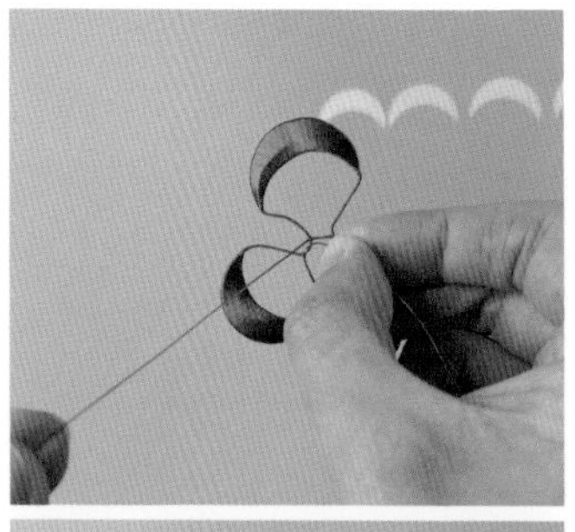

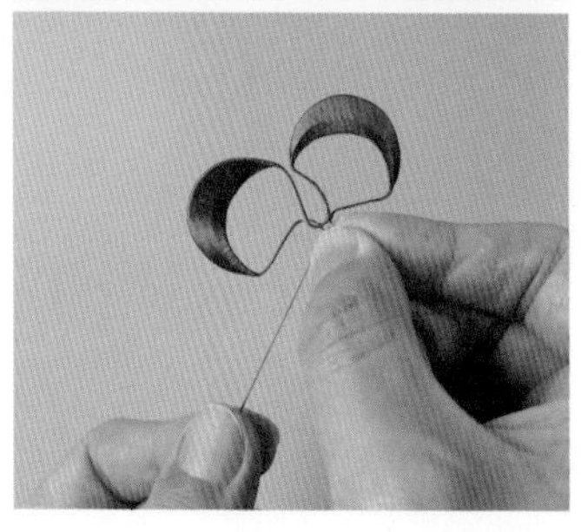

7. 将第二片花片绑好固定，然后重复同样的步骤，依次缠绕后面的花片。

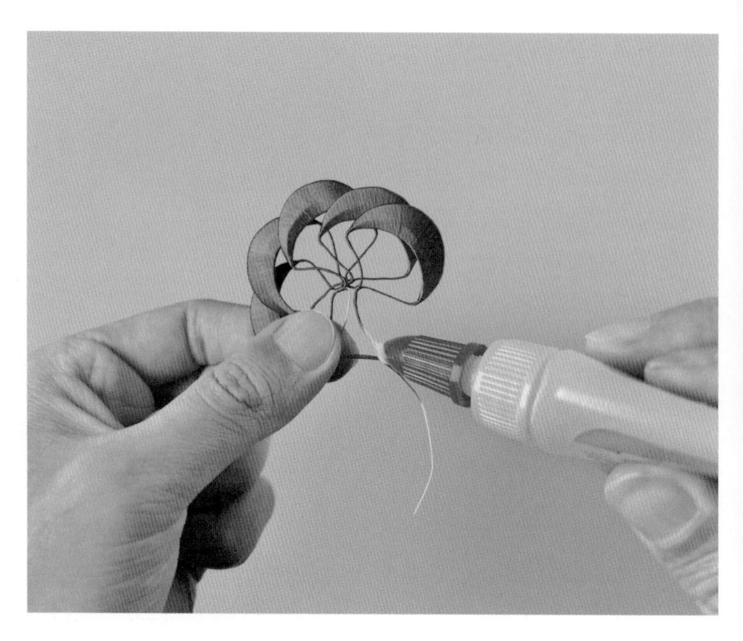

8. 缠绕好所有花片后，在结尾处涂上白乳胶，搓紧固定。

9. 在做好的连缠花片上喷适量定型发胶喷雾，等待花片自然晾干。

10. 进行适当调整，这样连缠花片就做好了。连缠花片的花杆较细，适合用于制作有多层花瓣的花。

三 绑花流程

◆ 立体花形绑法

1. 准备好花蕊配件。

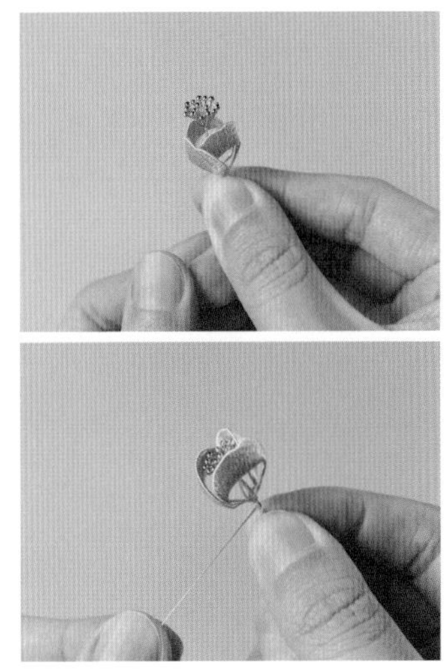

2. 将花蕊配件塞入连缠好的花片中心，用绑杆线固定好。

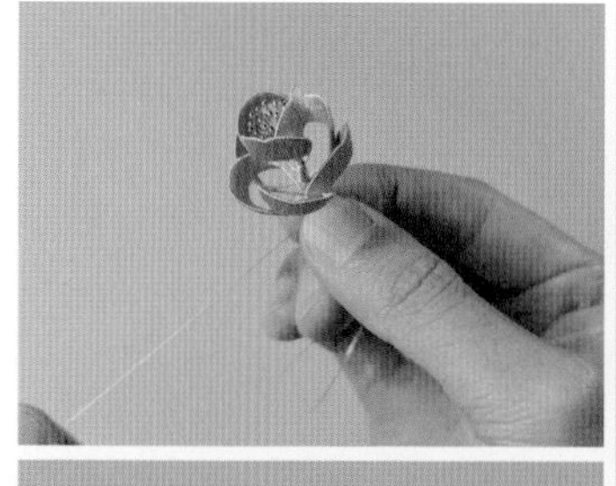

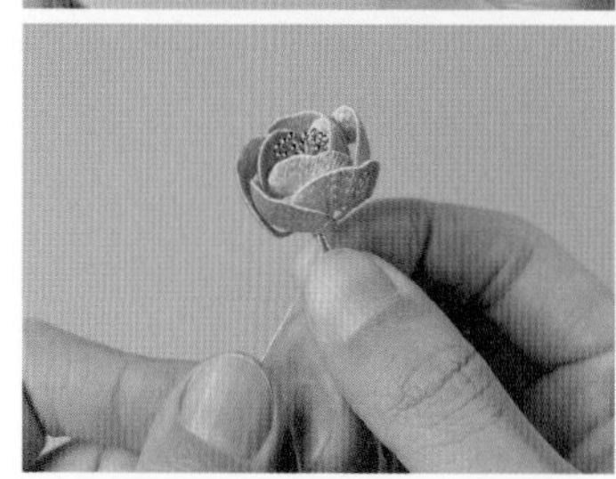

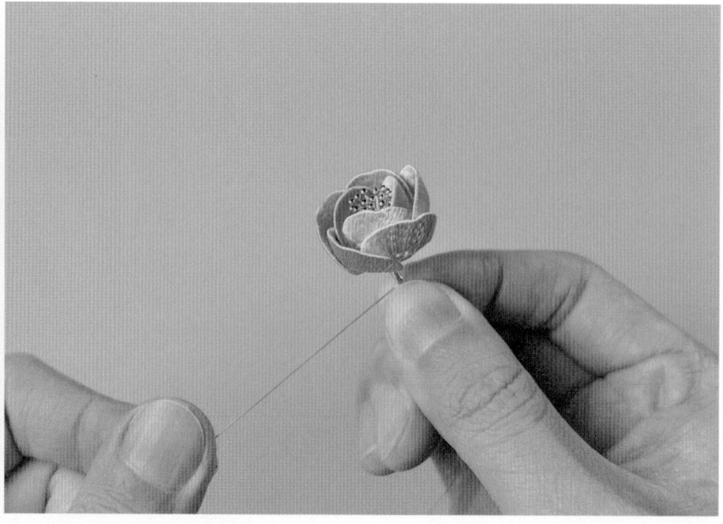

3. 将绑好的第一层套进第二层缠好的花片中心，同样用绑杆线固定好。

4. 可以借助笔，使花片有一定的弧度。

5. 绑单片花片时需要捏住铜丝，拉紧绑杆线固定。

6. 用一片压住一片的方式依次加入所需的花片。

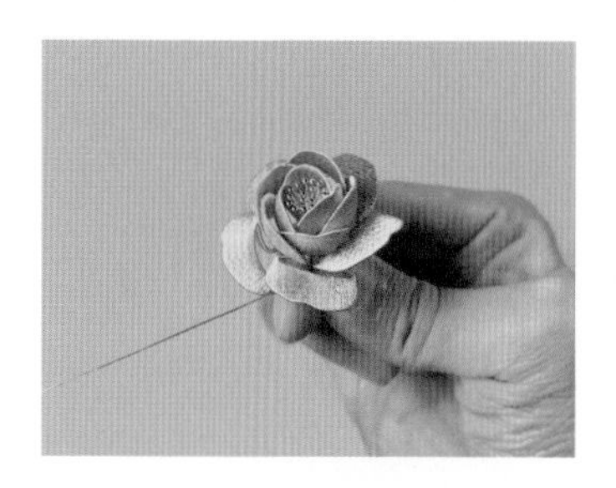

7. 绑最后一片花片时需要压住第一片单片花片，使所有花片靠拢。

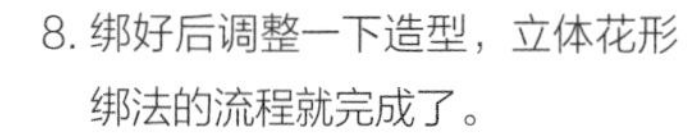

8. 绑好后调整一下造型，立体花形绑法的流程就完成了。

◆ 平面花形绑法

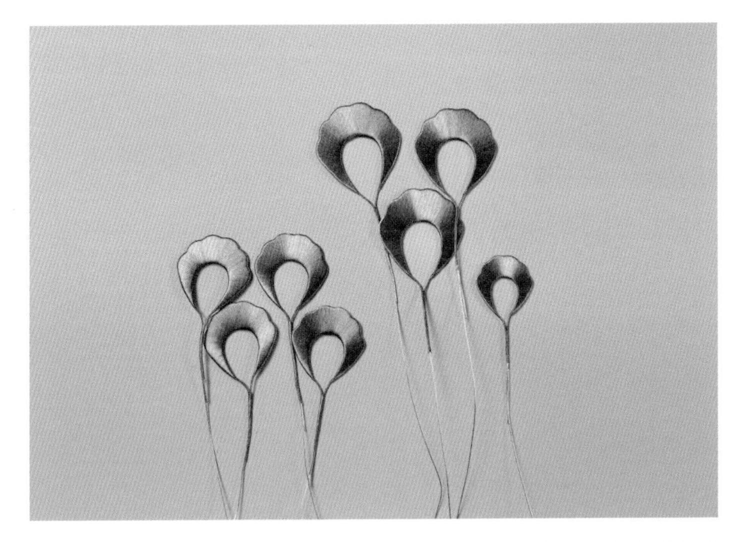

1. 准备好绑平面花形所需要的花片。注意花片的型号和数量，示例图中花片有三个型号（大号、中号、小号）。

2. 将大号与中号花片叠放绑在一起。

3. 准备三组花片。

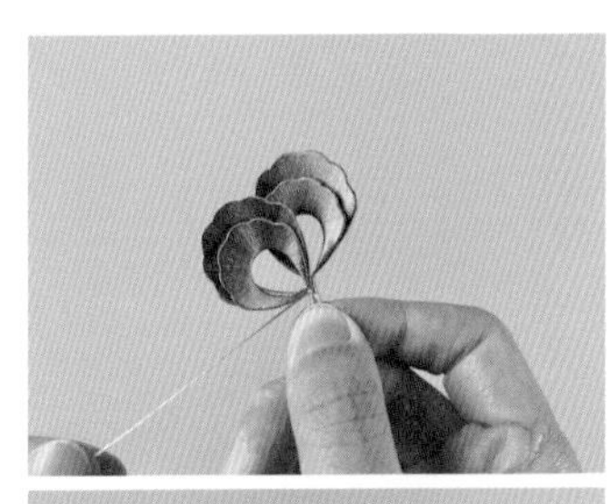

4. 在中间一组花片上面左右对称地分别绑上一组花片。

5. 放一片花片在中间部分上面，增加层次感。

6. 准备一颗圆珠，将其穿过一个金属花蕊配件。用圆嘴钳将花蕊调整成放射状，花蕊下方贴紧圆珠，最后将整体和花秆绑在一起。

7. 将一片小号花片拗出比较大的弧度。

8. 把小号花片绑好，使其托住花蕊，平面花形绑法的流程就完成了。

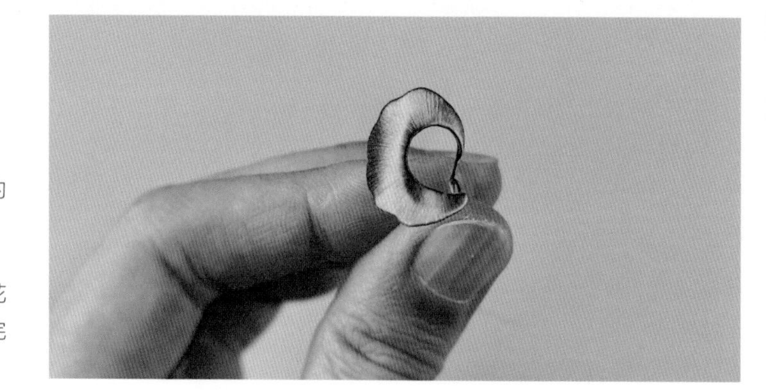

四 配件缠线与配件制作

◆ 配件缠线

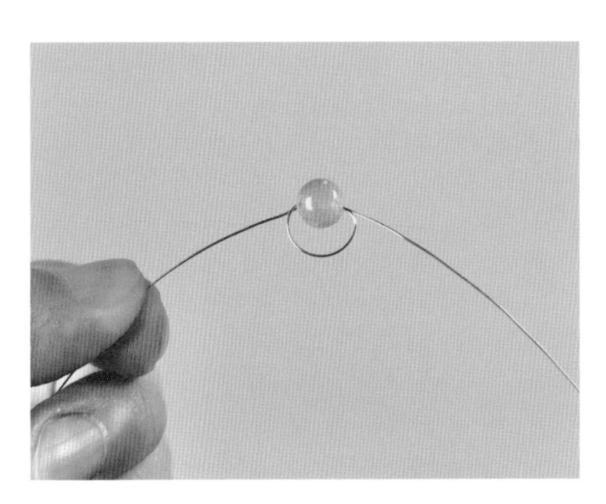

1. 用铜丝穿过需要用到的圆珠或其他配件，这里铜丝可以如图再回穿一次，以使配件更加牢固。

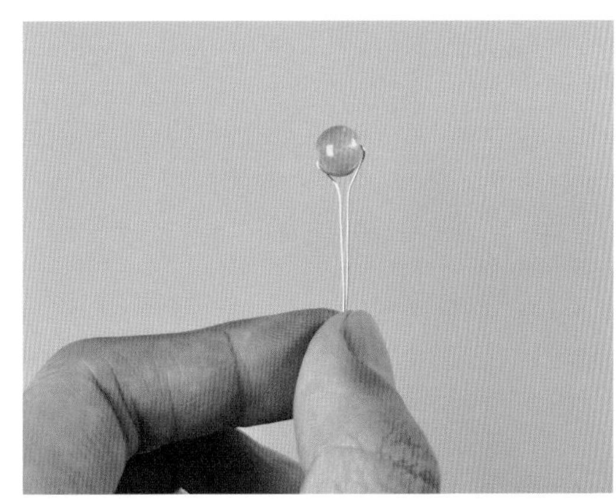

2. 将铜丝两头合在一起。

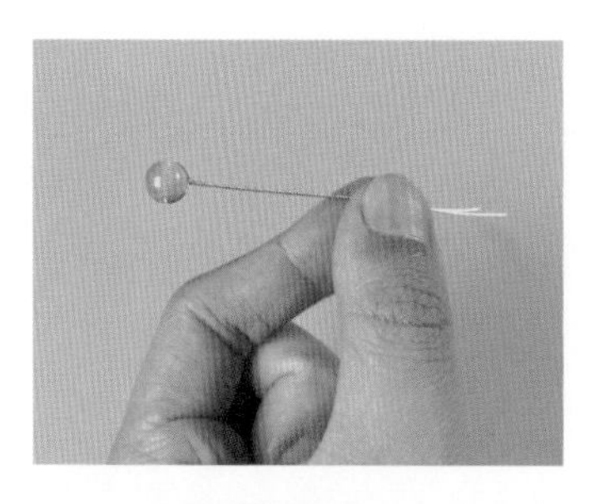

3. 用手将两根铜丝拧紧，也可以使用电钻工具，使其更加平整。

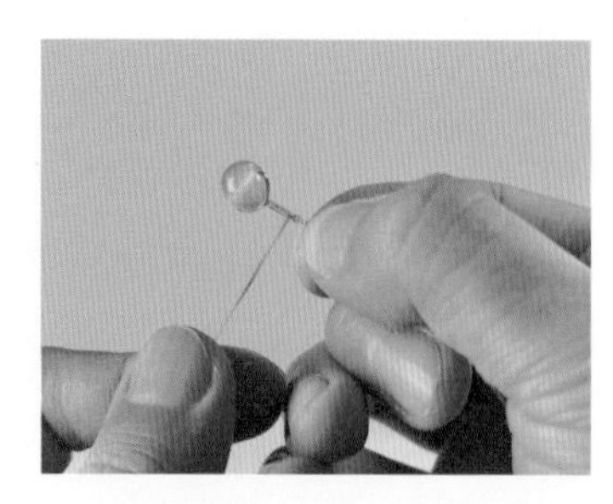

4. 选择所需要的绑线，开始由上往下缠绕铜丝。

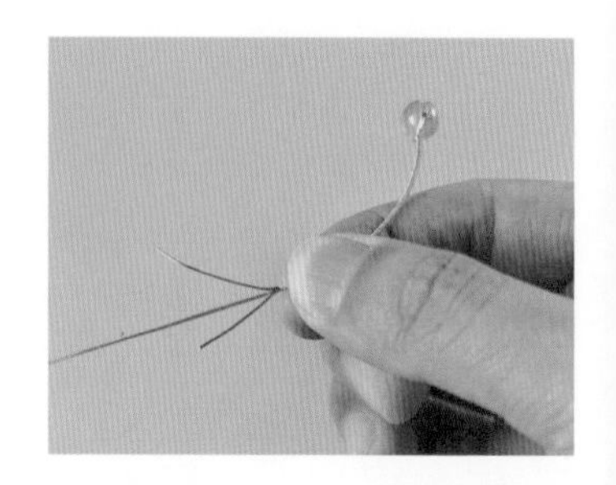

5. 缠完需要的长度后，可以将绑线拉到两根铜丝之间，拧紧固定。

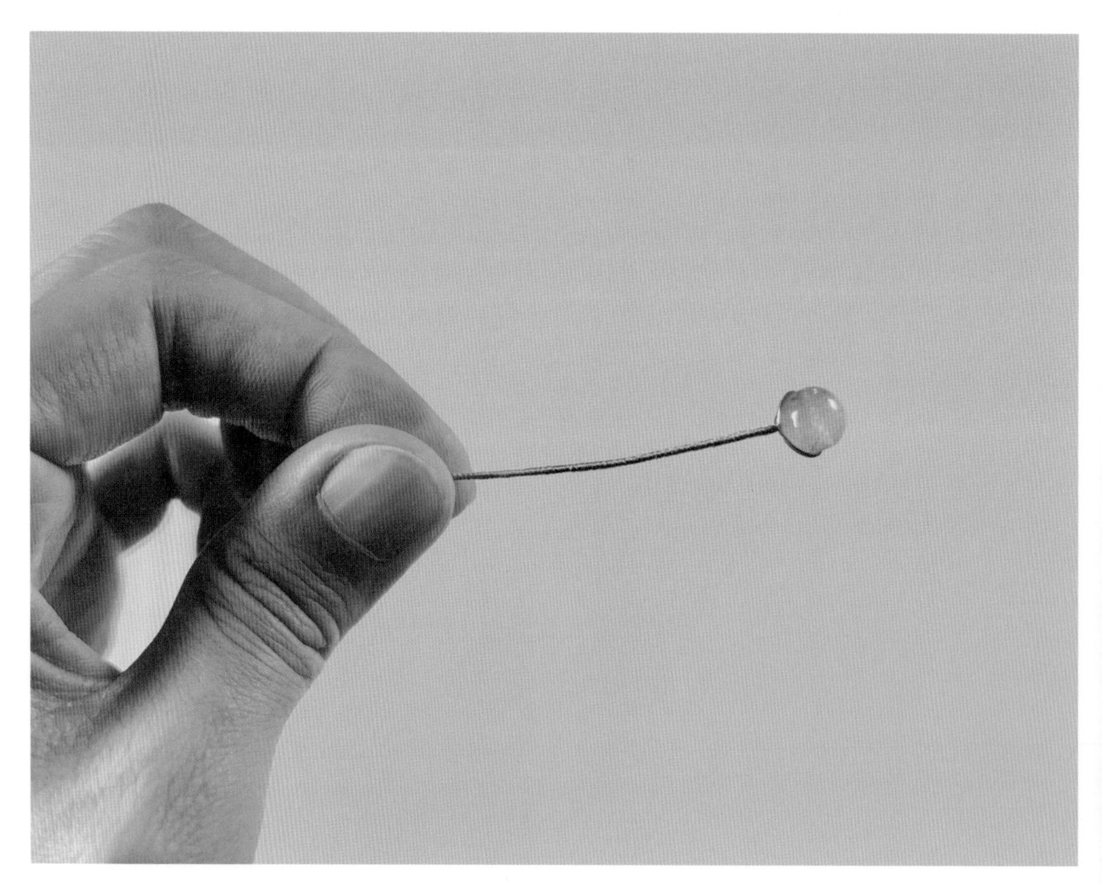

6. 一个缠线的配件就制作完成了。将配件缠线可以防止露出铜丝，使作品既美观又防止金属部分氧化。

◆ 弹簧配件制作

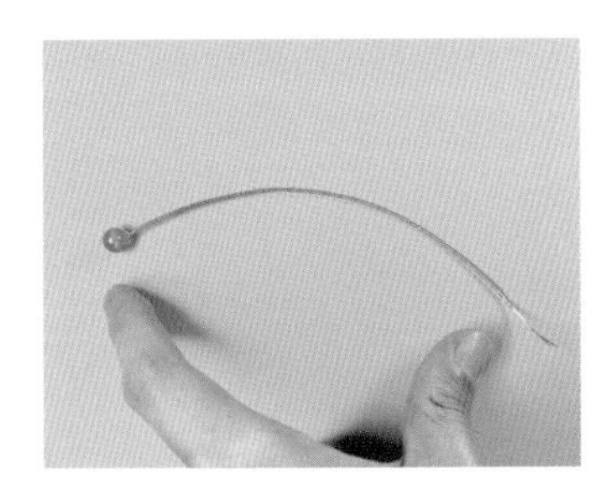

1. 准备一个铜丝较长的配件。

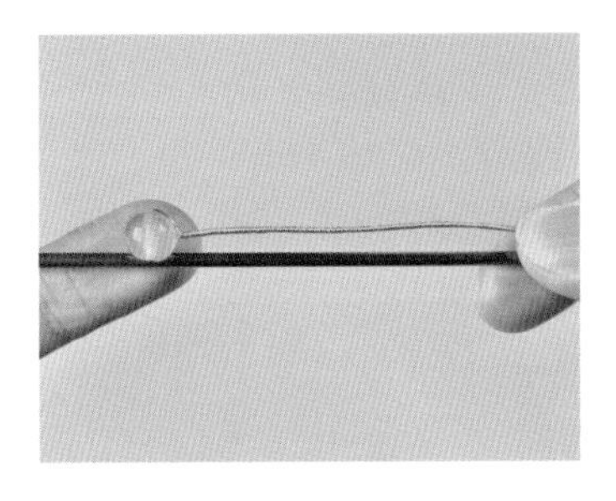

2. 选用粗细适中的簪棍，辅助弹簧配件的制作。

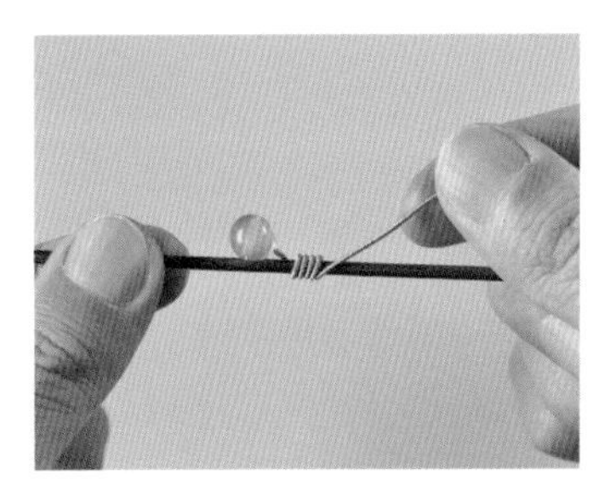

3. 用配件的铜丝部分围绕簪棍开始缠绕，尽量缠绕得均匀、紧密。

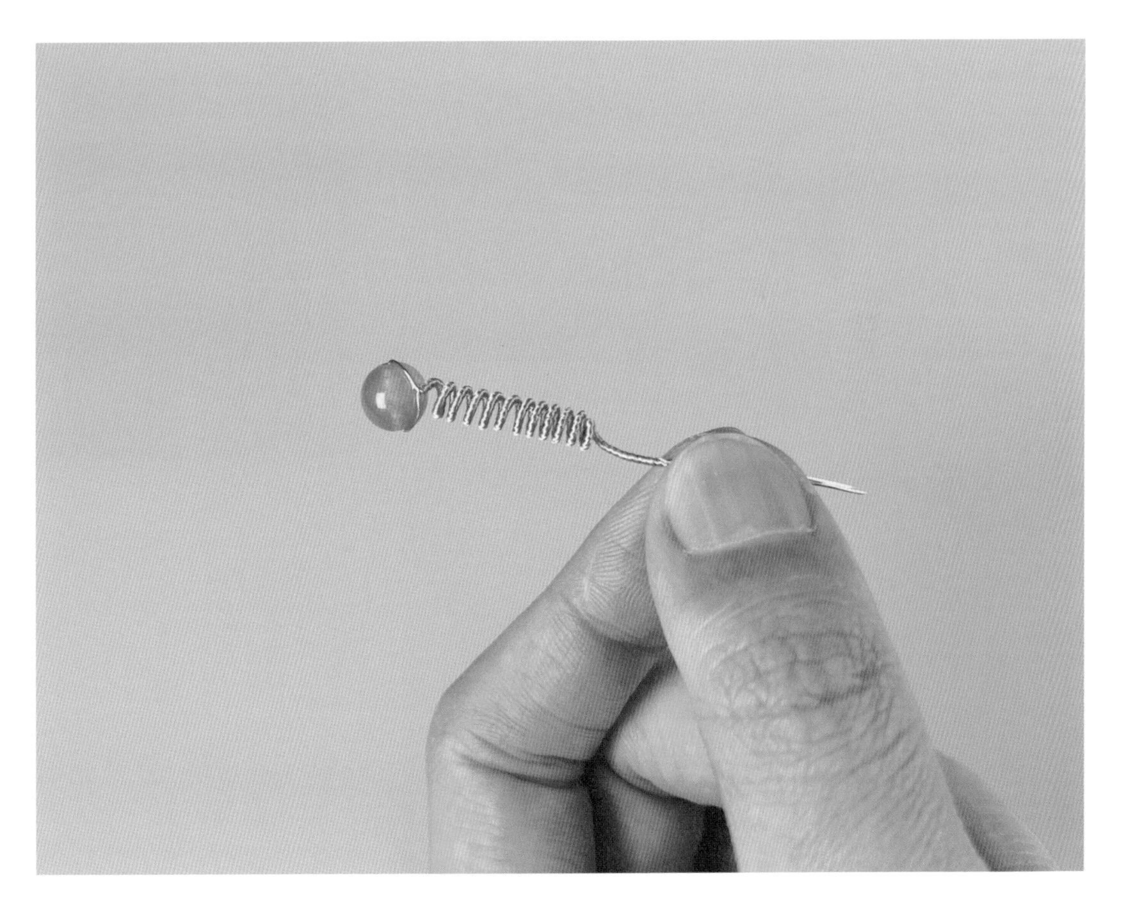

4. 缠到所需要的长度，取出簪棍，一个弹簧配件就制作完成了。弹簧配件可以作为蝴蝶的触角或者点缀在花杆上。

◆ 花杆配件制作

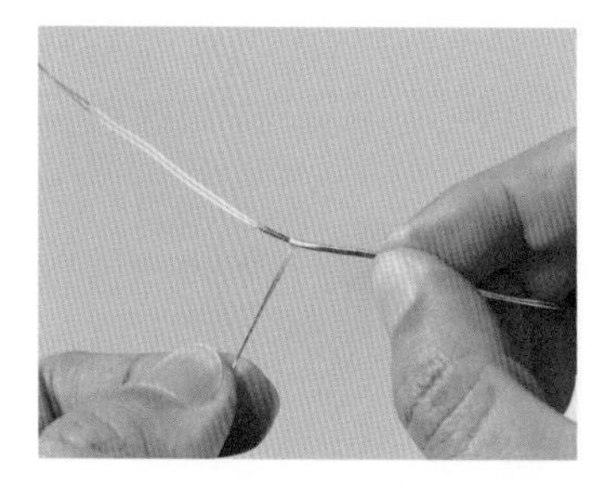

1. 将两根铜丝合在一起来制作花杆，花杆有一定的硬度，方便造型（推荐使用0.6mm粗的铜丝）。在铜丝的正中缠上绑线。

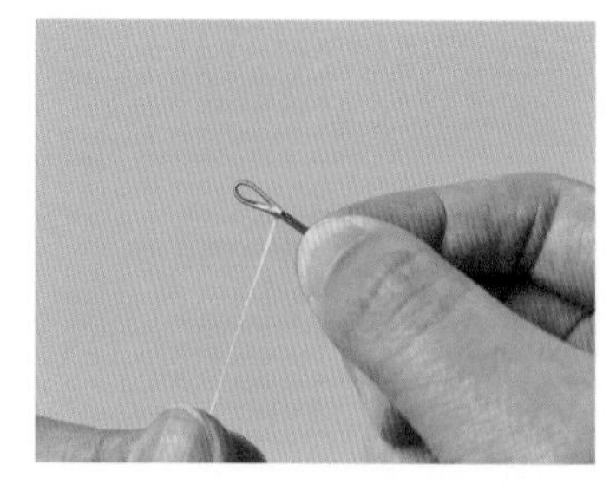

2. 将缠好线的铜丝从中间对折后绑在一起。

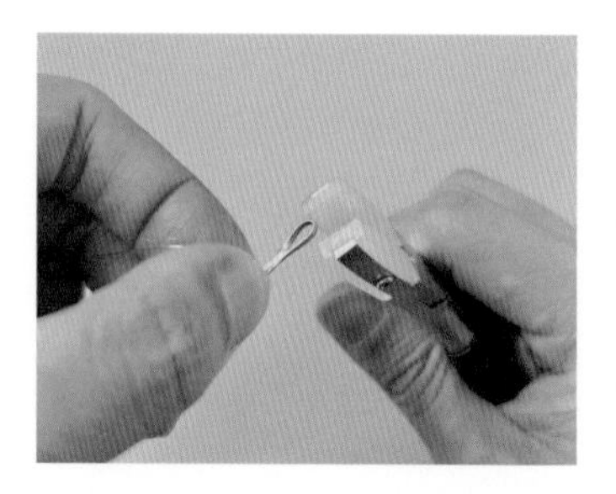

3. 用尼龙钳将铜丝的对折处夹扁。

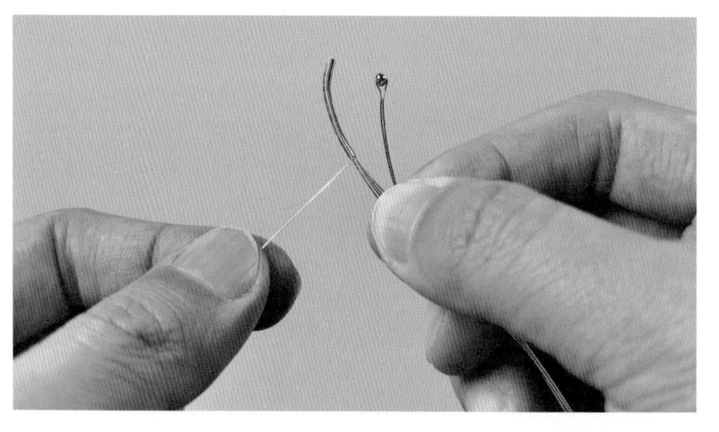

4. 绑一段长度后可以根据需要，用被铜丝回穿的小圆珠作为花杆上的配件。

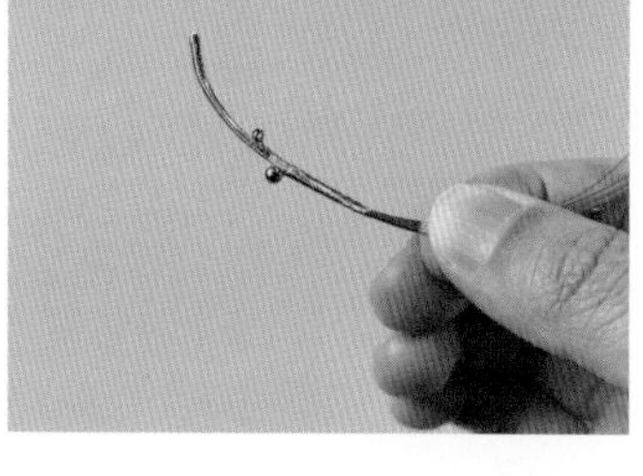

5. 绑花杆时将绑线捋平，将铜丝尽可能绑牢。绑至所需要的长度，一根花杆就制作完成了。

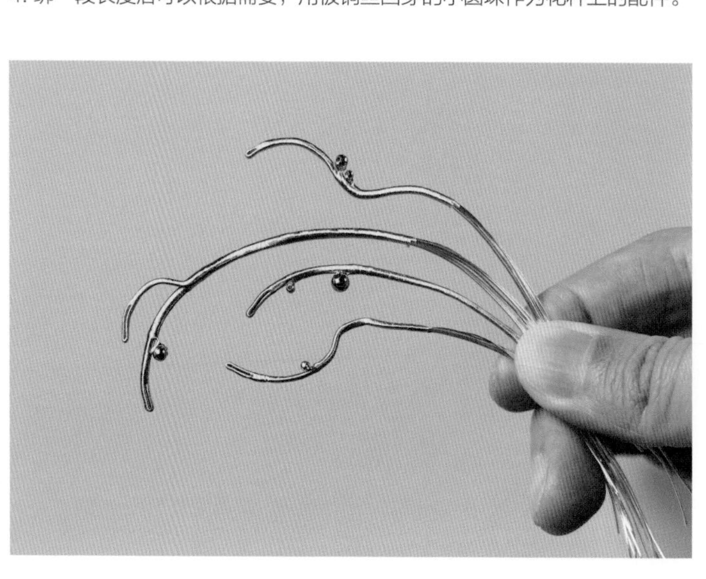

6. 制作完成的花杆可以根据需要做出不同的造型。

◆ 花杆修剪

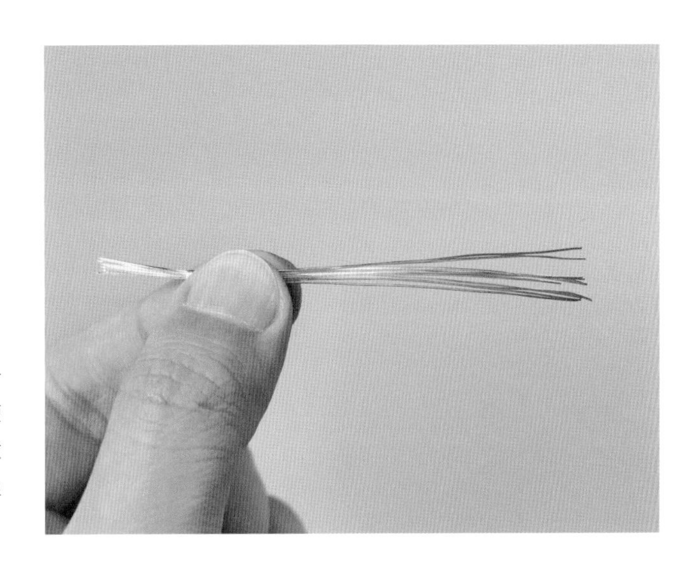

1. 绑花杆时会将很多铜丝组合在一起，花杆的粗细会影响美观和使用。为了便于后续制作，可以适当修剪花杆，这里用一簇铜丝示范。

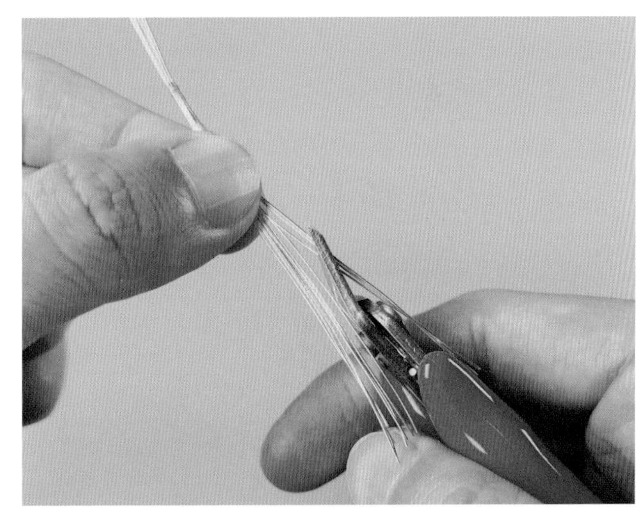

2. 用剪钳在铜丝需要修细的部分斜向修剪，防止花杆粗细不均匀。

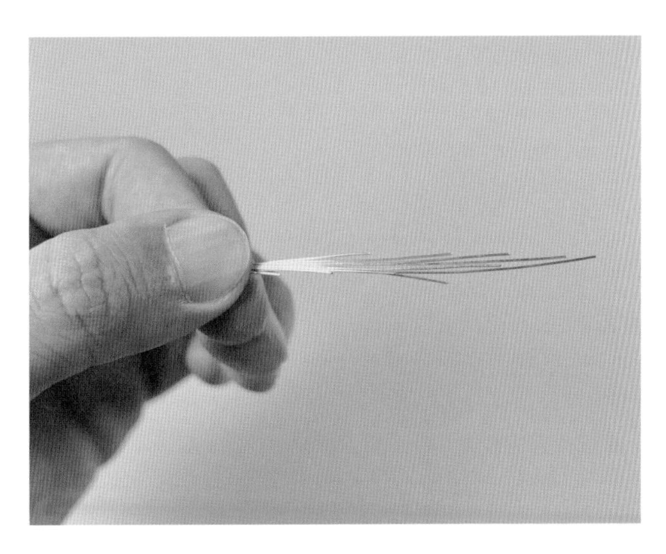

3. 可以在花杆的两侧分别修剪，这样缠线后的花杆会更加平整。

◆ 花杆绑线收尾

无论是制作软簪还是绑主体，绑线都需要收尾，这里示范一个既不需要打结，也不需要点胶的收尾方法。

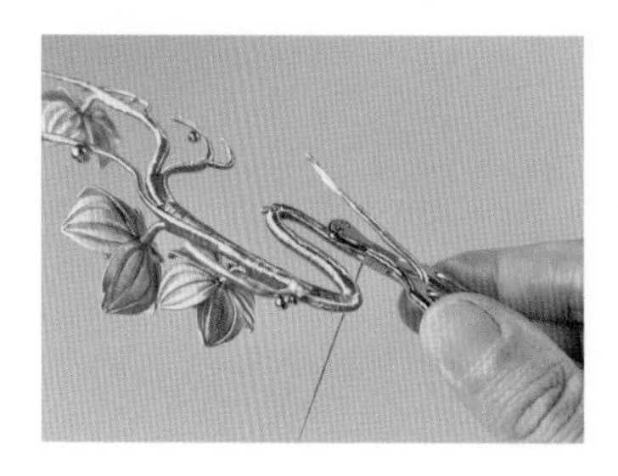

1. 将花杆和主体绑在一起时，花杆若是能和主体完全合在一起，可以将绑线缠绕至花杆不露铜丝为止。若是绑上图中的插梳时，花杆过长，可以先将其折到主体背面。

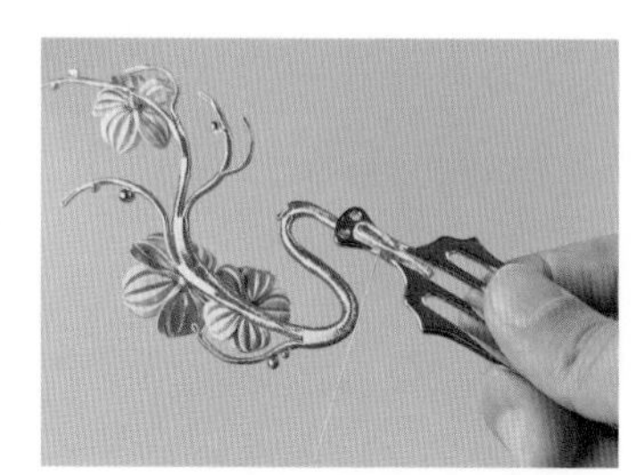

2. 若折到背面的花杆较短，可以直接绑线；若较长，可以再回折一次，按照从上往下的顺序绑线。注意需要将花杆上的铜丝完全覆盖。

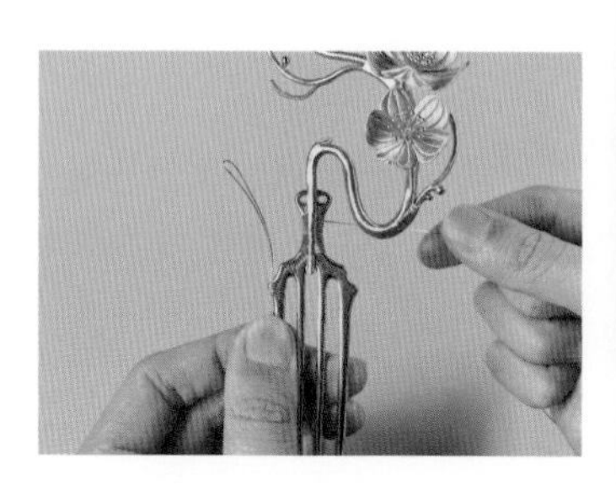

3. 绑线收尾时，需要剪一段长度适中的铜丝并对折。

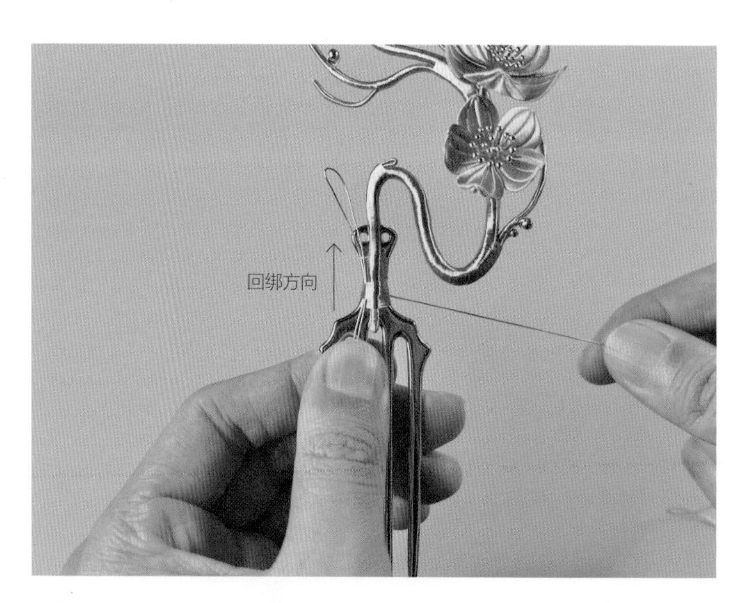

4. 加入一段对折铜丝后，需要按相反的方向回绑一段。

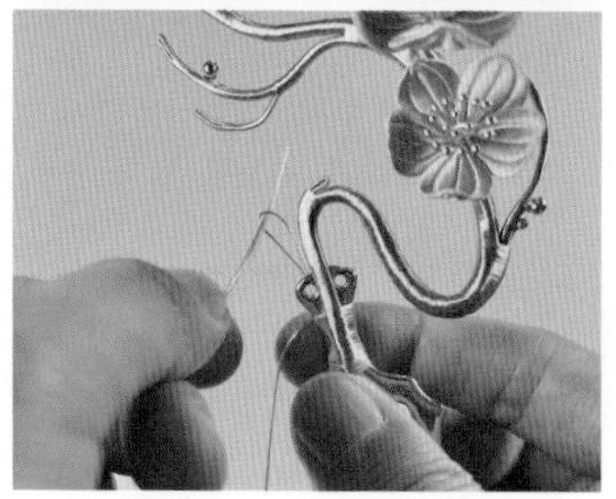

5. 结尾时将绑线的尾部穿过对折铜丝形成的孔。

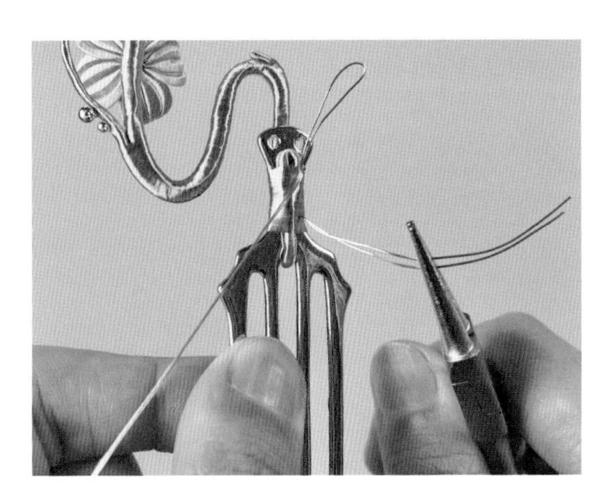

6. 将穿过对折铜丝的绑线拉紧，然后用钳子夹住铜丝一端，往下扯出铜丝，这样会将绑线的尾部也一起带出。

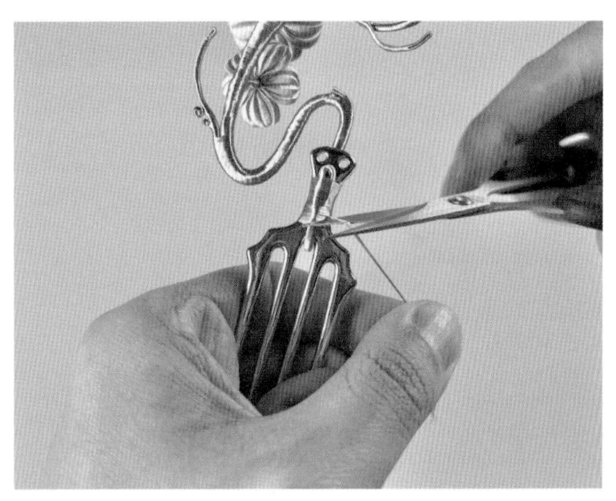

7. 将带出来的多余绑线剪掉。

8. 绑线收尾就完成了。这种收尾方法适用于制作软簪和绑各种主体，优点是绑线不用打结，会更加平整，不需要点胶，也更加干净，且足够牢固。

叁 缠花进阶技巧

一 花片染色

二 铜丝叶脉制作

三 铜丝包边制作

四 缠线叶脉制作

五 花片描金边与贴金箔

六 花片和花秆的加固处理

花片染色

注：这里示范的染色过程用的是丝绒线。相较于其他丝线，丝绒线更易于染色。

过程示例

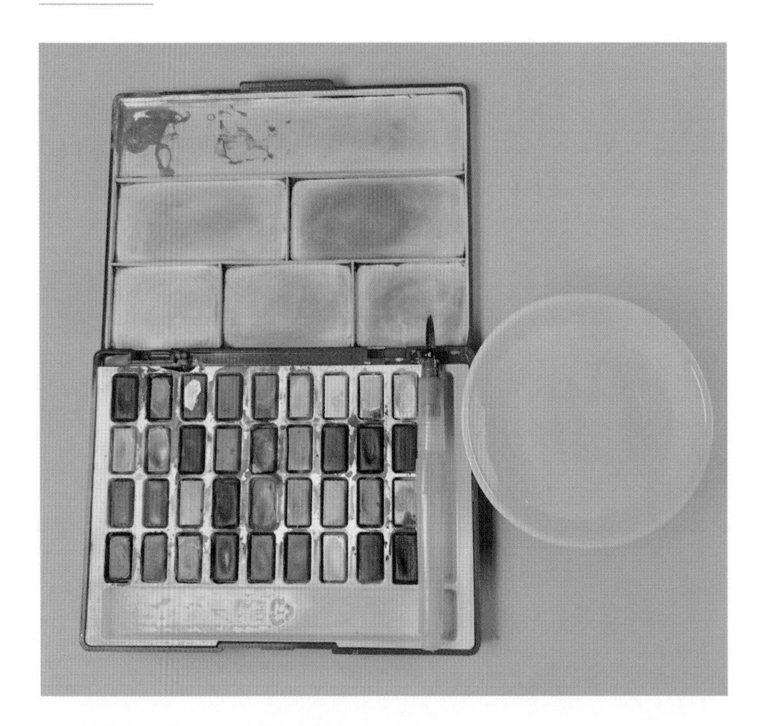

1. 准备好染色颜料、一碗清水和一支水彩笔。

2. 将缠好的叶片浸湿。

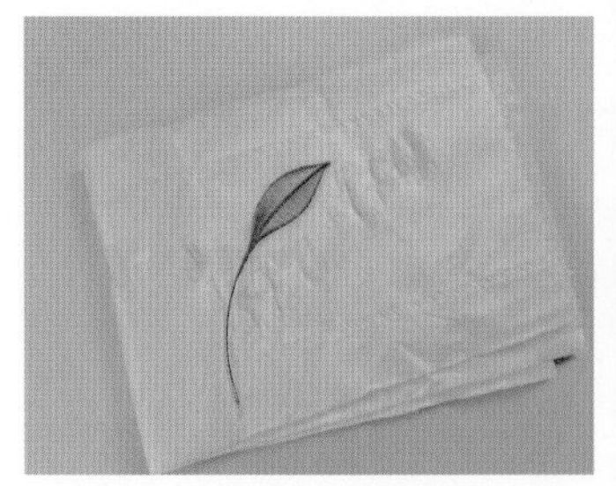

3. 将叶片放在纸巾上吸走多余水分。

4. 用水彩笔将调好的颜料少量多次涂在叶片上。

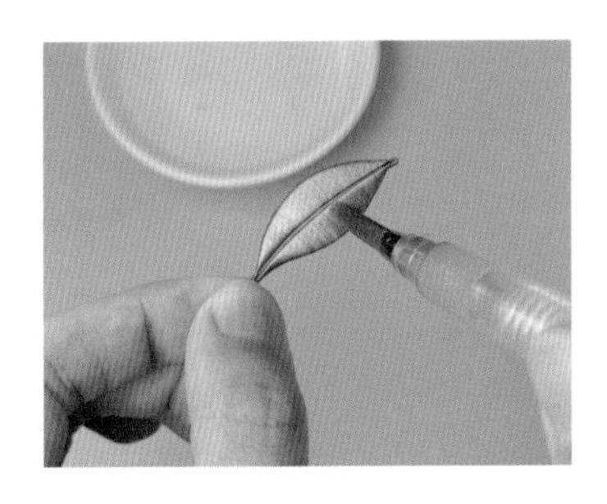

5. 用清水涂抹颜料交接处，让彩色过渡自然一些。

6. 染好色的叶片可以自然晾干，也可以用热风快速吹干。

7. 一片染完色的叶片就制作完成了。

铜丝叶脉制作

过程示例

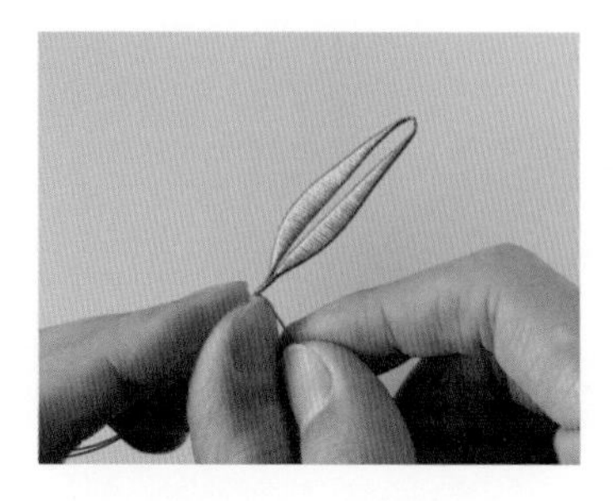

1. 按照基础花片的缠法缠好一片叶片，可以先不用夹紧叶尖。

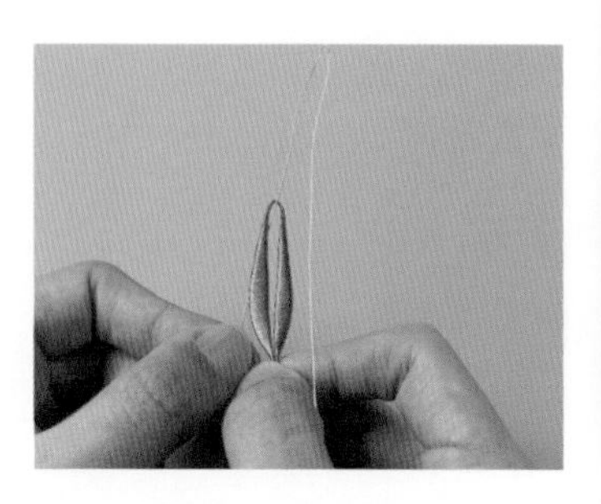

2. 取一段比叶片长的铜丝对折，然后将其穿过叶片中间的空隙。

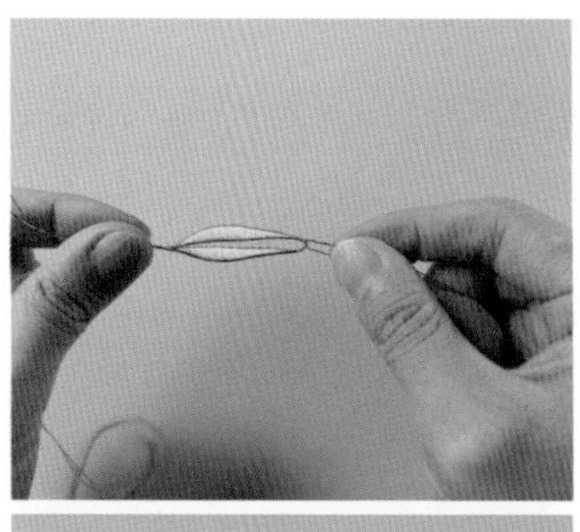

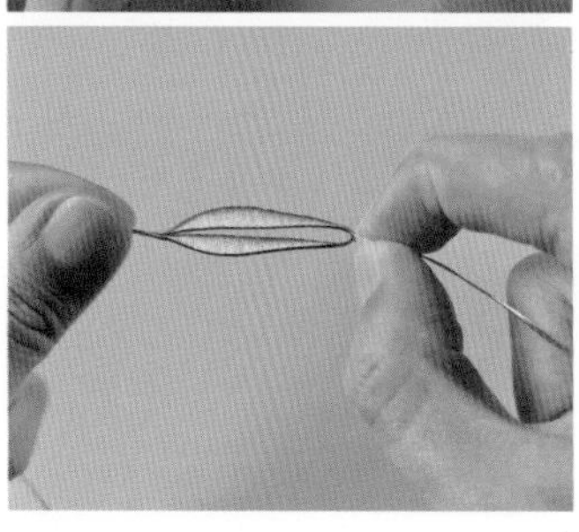

3. 将铜丝与叶片相扣，并且把铜丝对折部分捏紧。

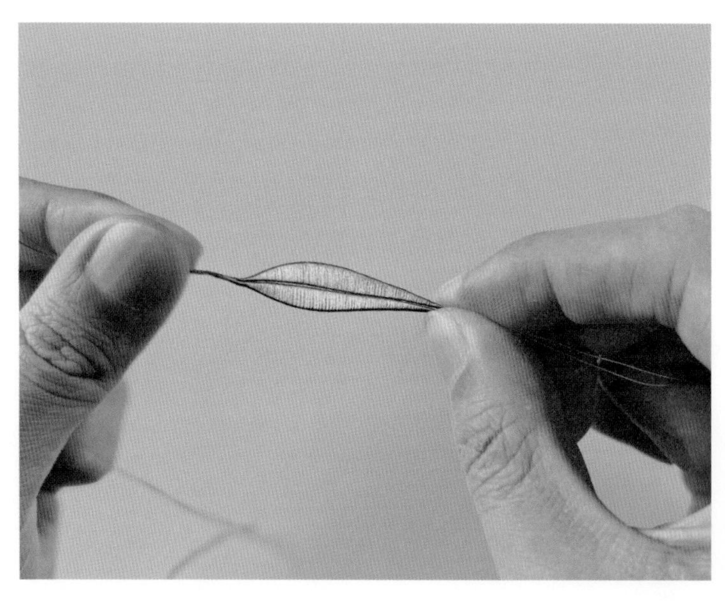

4. 用指腹或尼龙钳夹紧叶尖。

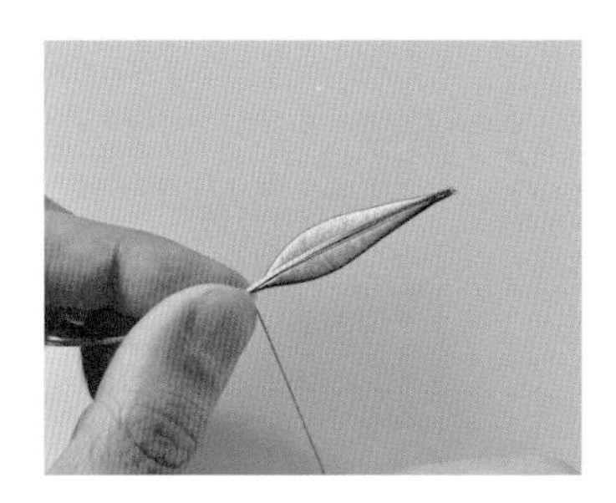

5. 将铜丝弯折至叶片的上方，轻轻捋直铜丝，然后用丝线将铜丝与叶片固定。

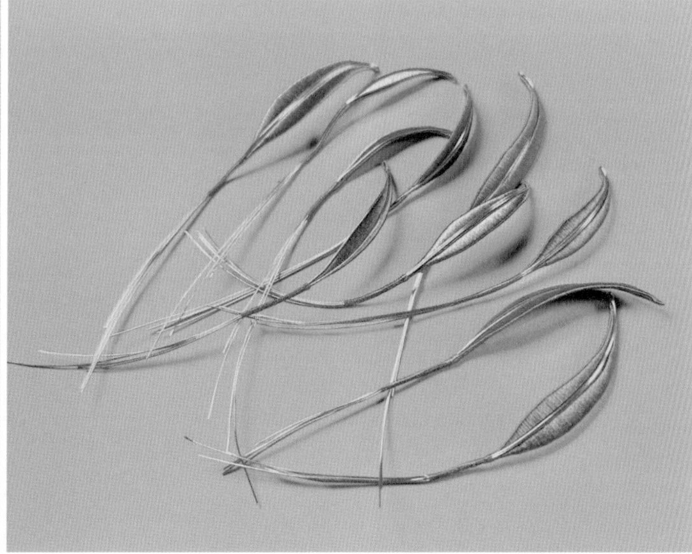

6. 一片带有铜丝叶脉的叶片就制作完成了。

用此方法制作的叶片可作为配件，用来搭配缠花成品。

加了铜丝叶脉的叶片，拥有金属光泽，可以让作品更出彩。

铜丝包边制作

过程示例

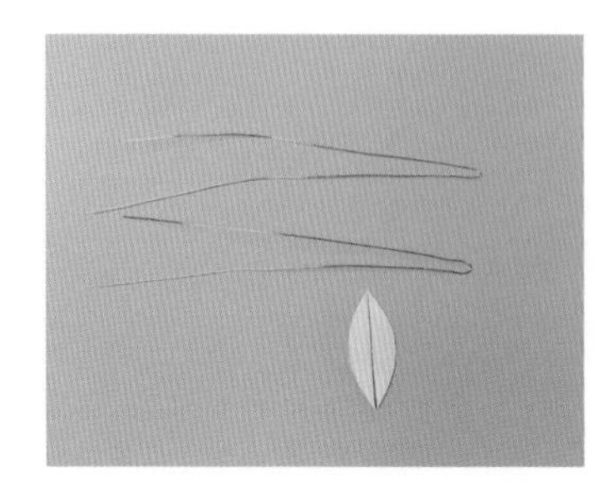

1. 准备两根铜丝和两个花片。

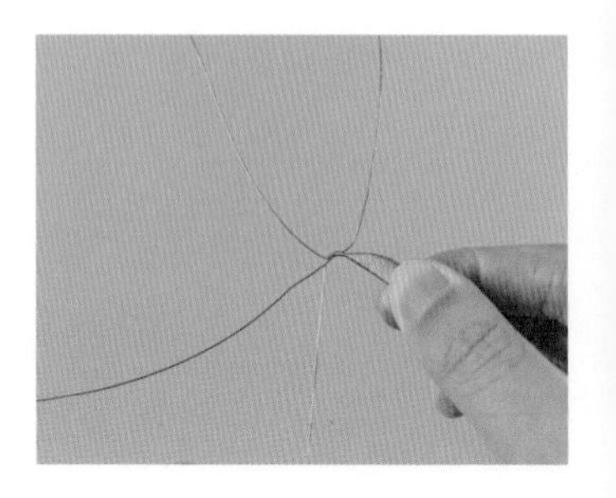

2. 先取一根铜丝与一片花片进行缠线，缠至花片尖端部位时加入另一根铜丝。

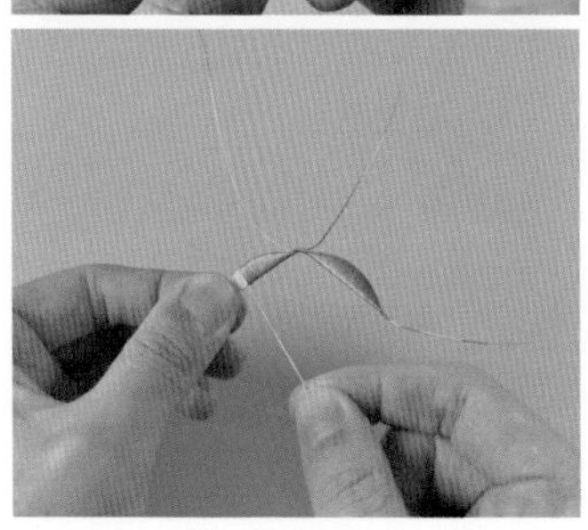

3. 再加入另一片的花片进行缠绕。

4. 将缠好的花片绑好固定。

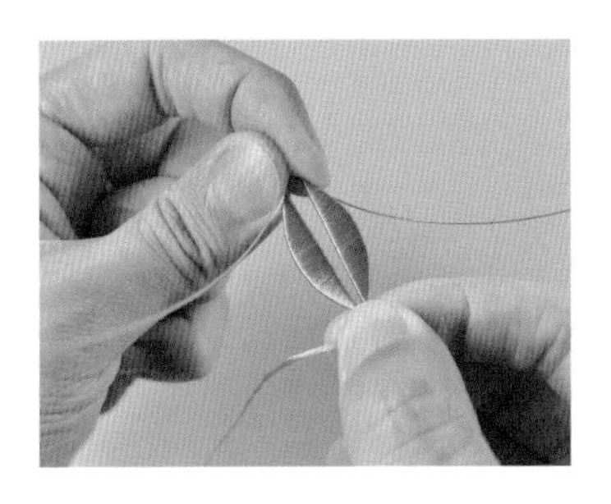

5. 将叶尖部分连同包边的铜丝一起捏紧。

6. 将包边的铜丝调整造型后绑好固定。

7. 一片铜丝包边的花片就制作完成了。

缠线叶脉制作

过程示例

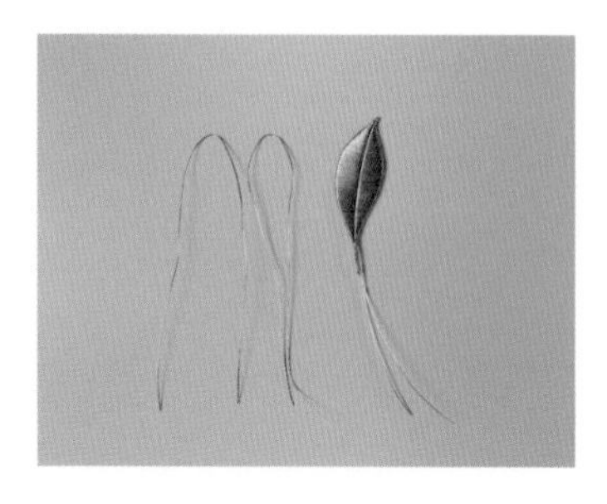

1. 准备两根长度适中的铜丝和一片制作好的花片。

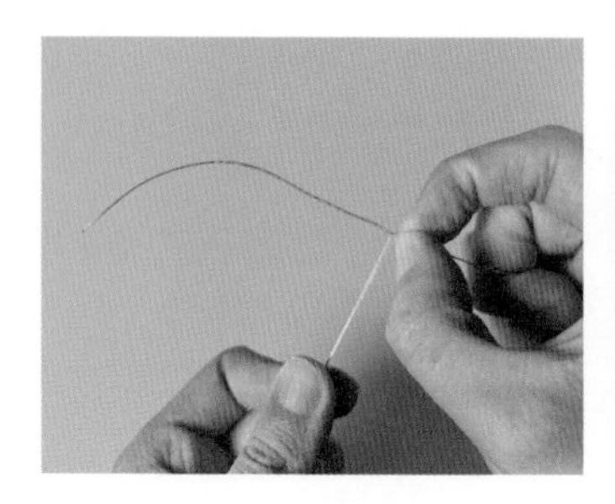

2. 分别在铜丝上缠绕丝线，长度可以稍长一些，在结尾处涂白乳胶后搓紧固定。

正面

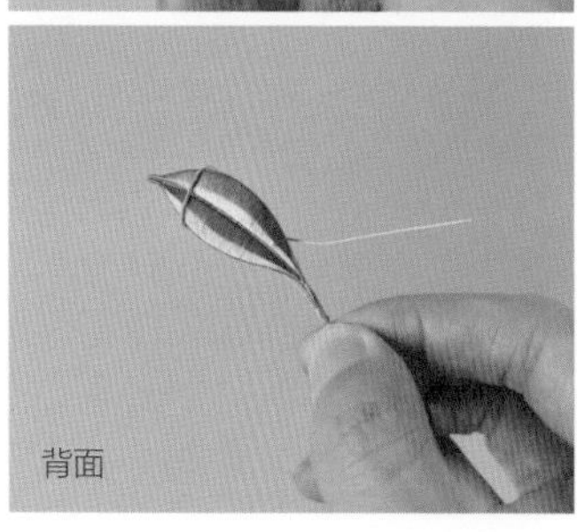

背面

3. 将缠好丝线的铜丝绕在花片上，做出叶脉的大概造型。

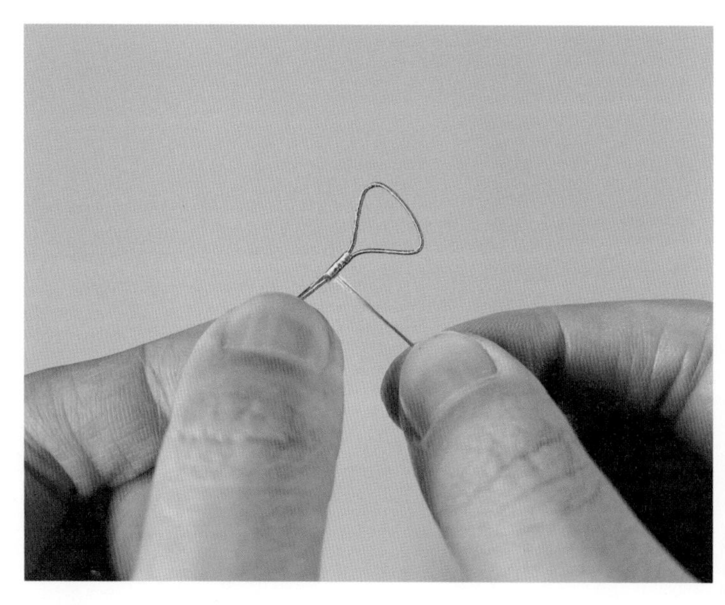

4. 将具有叶脉大概造型的铜丝取下来，对其进行缠线，然后绑好固定。

5. 用同样方法做出下方的缠线铜丝，将其与上一步制作的缠线铜丝绑在一起。注意绑在一起的铜丝应是上方的将下方的压在下面。

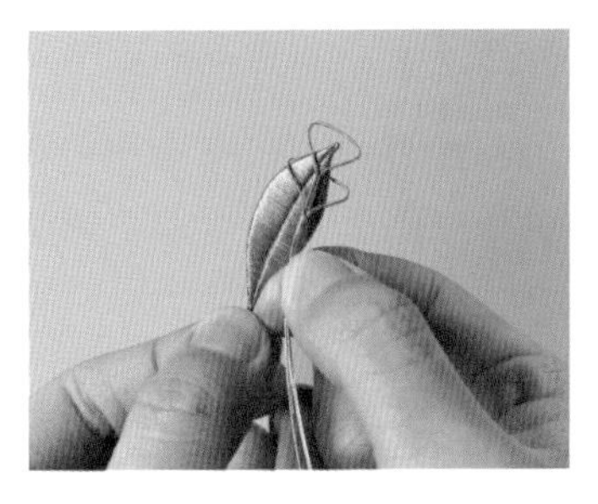

6. 将绑好的缠线铜丝套在叶片上。

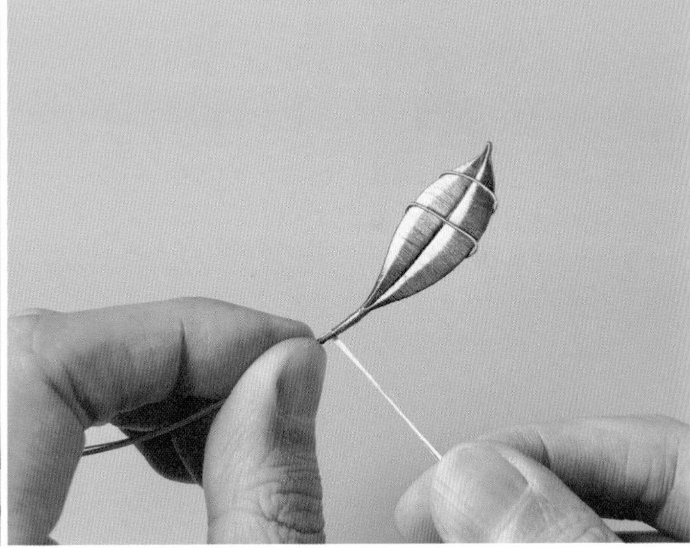

7. 把叶脉和花片绑好固定，缠线叶脉就制作完成了。

花片描金边与贴金箔

描金边过程示例

1. 准备好描金边用的水彩笔和金墨，将金墨倒入容器。

2. 用笔蘸取金墨后，在容器边缘掭掉多余的金墨。

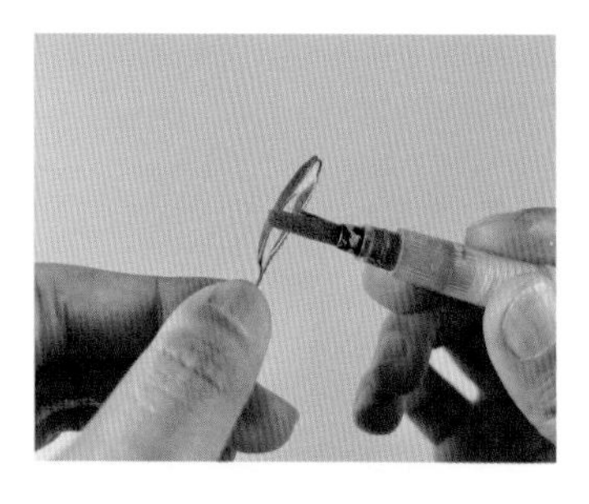

3. 用笔顺着花片的边缘涂抹，可以少量多次，注意不要涂到其他部分。

4. 涂抹完花片的边缘后等待晾干。花片被描金边后可以增加华丽感。

贴金箔过程示例

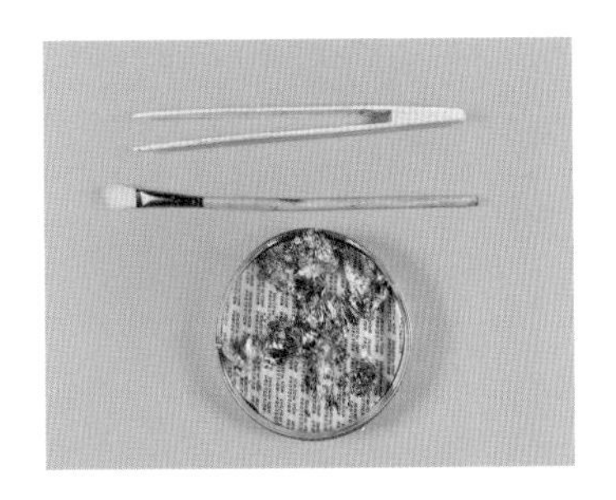

1. 准备好笔刷、竹镊子和少许金箔。

2. 用白乳胶与水按1：1的比例调制贴金箔的胶（调制成黏稠状）。

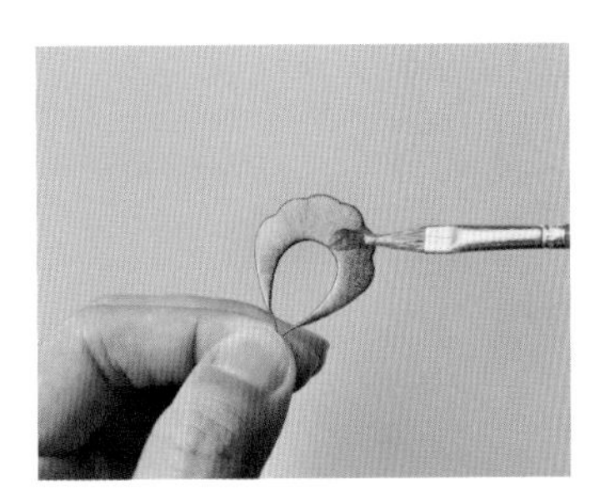

3. 用笔刷蘸取少量的胶，涂抹在花片上准备贴金箔的位置。

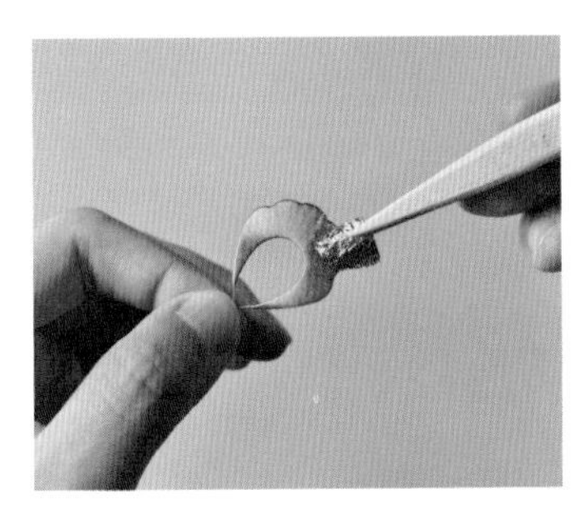

4. 用竹镊子夹取大小合适的金箔，贴到涂抹了胶的花片上。

5. 贴完金箔后等待晾干，用剪刀修剪一下多出来的金箔。

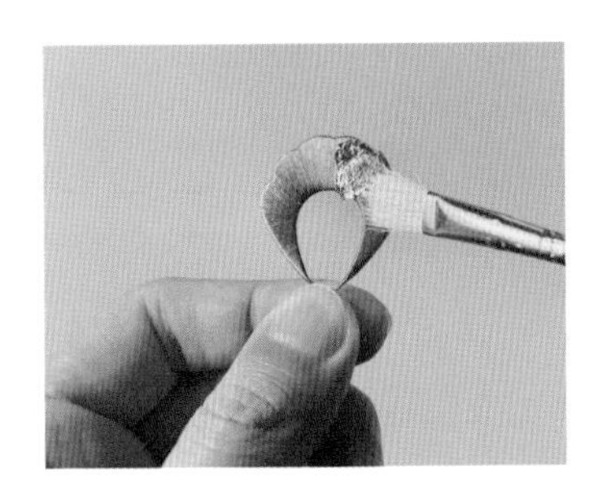

6. 用干燥的毛笔刷清理边缘细碎的多余金箔。

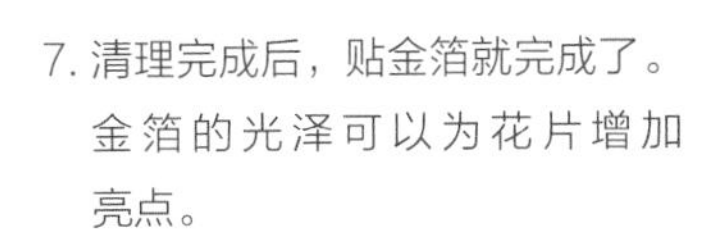

7. 清理完成后，贴金箔就完成了。金箔的光泽可以为花片增加亮点。

六 花片和花秆的加固处理

1. 可以使用定型发胶喷雾来加固缠好的花片。

2. 在花片的正反面均匀地喷洒定型发胶喷雾，注意适量。

3. 等待自然晾干即可。加固后的花片平整且不易滑线。

花杆加固过程示例

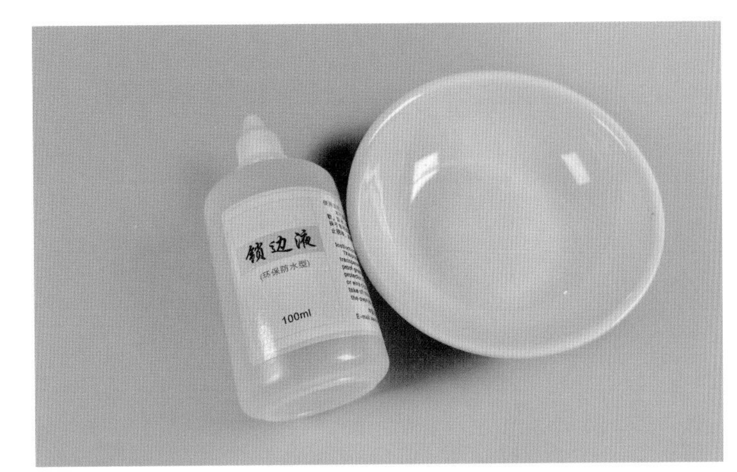

1. 准备笔刷锁边液和容器。(锁边液含酒精，易燃，使用后注意远离明火。)

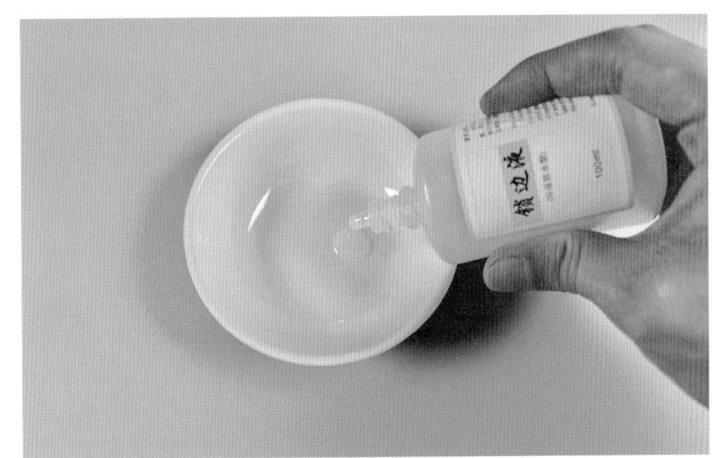

2. 将适量的锁边液倒入容器内。

3. 用笔刷蘸取锁边液，均匀地涂抹在花杆部分，等待晾干即可。用锁边液加固的花杆较平整。（用人造丝和浅色绒线缠的花杆不适用于锁边液，因为锁边液会使花杆出现较明显的颜色变化，可以用1：2比例的白乳胶兑酒精来替代锁边液，涂抹方式一致。）

本章讲解的十个缠花作品可作学习和商业用途

肆 案例巩固

设计图稿

四瓣形的花片显得圆润，硬朗的枝条体现了梅花的气质。整体上色调统一的相近色，让花朵和枝干的衔接更自然，各花朵之间的大小差异增强了层次感。将小圆珠点缀在花秆上，增加细节。

主配色参考

倚梅

『遥知不是雪，为有暗香来』。梅花自古便是文人墨客所钟爱之物。此处以梅花为题材，制作一款插梳。

花片线稿

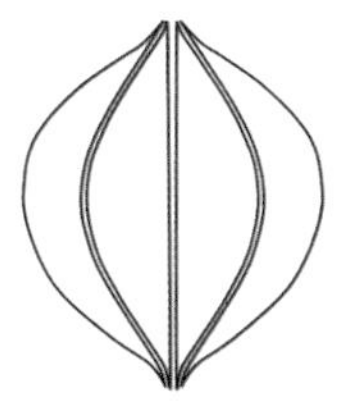

大花瓣线稿

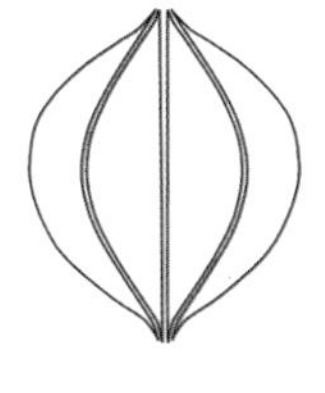

小花瓣线稿

1. 准备好制作梅花需要的花片，一朵花需要五片。这里用到的是四瓣形的花片，能体现梅花花瓣的圆润感。

2. 准备好自己喜欢的花蕊配件。开始依次绑花瓣，制作花朵。

3. 绑完后的花瓣可以稍微错位调整，贴紧花蕊。

4. 用笔或指腹把花瓣拗出弧度，会更加自然。

5. 单朵的梅花就制作完成了。

6. 按照上述方法，再制作两朵梅花。

7. 开始制作梅花的枝干。选取两根较粗的铜丝（这里用的是0.6mm粗的铜丝），在中间部分缠一段绑线。

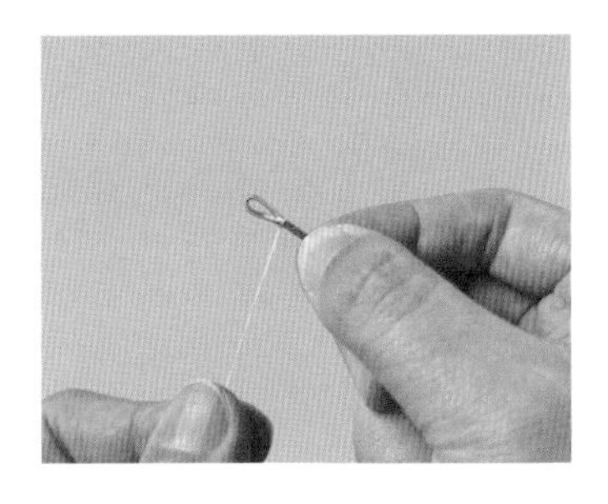

8. 将绑好线的部分对折后绑在一起。

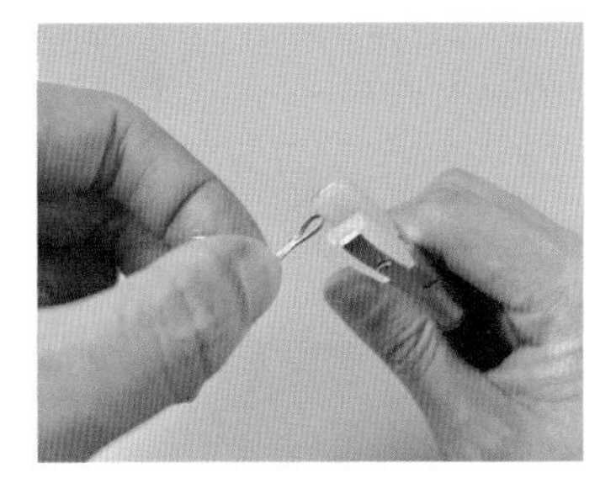

9. 用尼龙钳将对折部分夹扁。

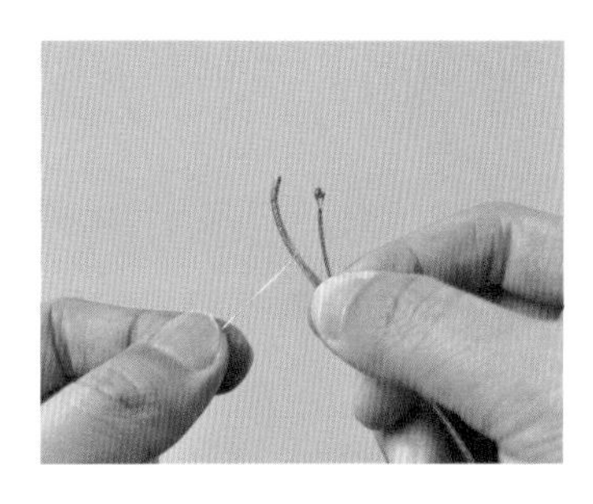

10. 继续绑枝干，可以加入一些配件。

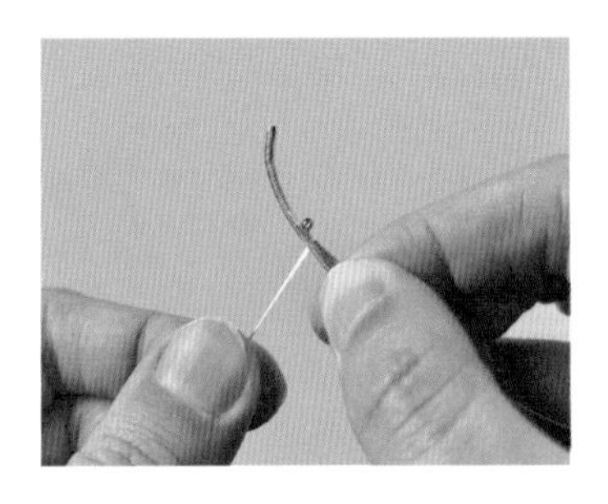

11. 绑点缀用的配件，尽量拉紧绑线让配件与铜丝完全贴合。

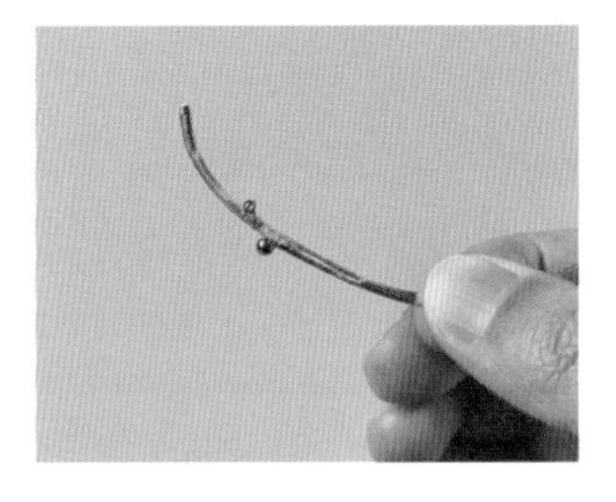

12. 绑出适量长度的枝干，就可以暂时收尾。

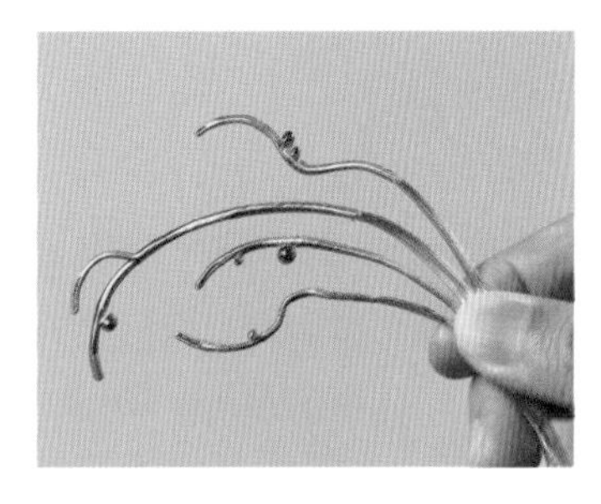

13. 按照个人喜好制作不同形态和数量的枝干备用。

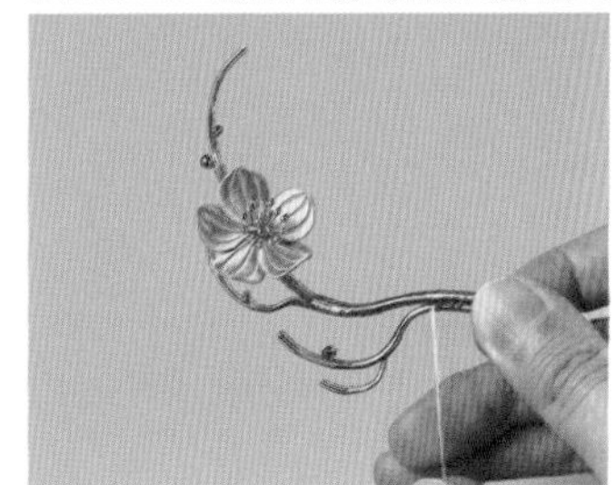

14. 选择一根枝干作为主干，并将花朵与其绑牢。

15. 在绑的过程中加入其他的枝干，使花枝更丰富，同时控制好花枝的走向使其具有自然流畅的美感。

16. 随着加入的元素增多，花枝也会变粗。为了保留花枝的力量感，暂时不修剪铜丝。

17. 依次加入剩余的花朵，注意排列疏密有致。

18. 绑的过程中注意观察，觉得空缺的地方可以再加入花枝。

19. 花枝可以稍微留长一些，注意主干应较粗。

20. 用尼龙钳造型，使花枝呈现弯折之姿，稍做调整，确定发簪的整体形态。

21. 拿出发梳，在合适的位置将花枝与发梳绑在一起。

22. 倚梅插梳便制作完成了。

兰佩

『兰之猗猗，扬扬其香。不采而佩，于兰何伤』。

此处以花中君子——兰花为题材，制作一款简约清丽的发饰。

可以按个人喜好制作插梳或者软簪，这里示范软簪的制作方法。

设计图稿

依据蝴蝶兰的花形组装花片，在叶片底部增加弹簧，使其有风中摇曳的姿态。“草树知春不久归，百般红紫斗芳菲。”主色调是清爽的绿棕渐变色，花蕊是正红色，配色惊艳而不花哨。

主配色参考

花片线稿

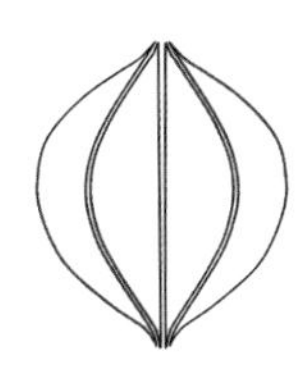

大花瓣线稿

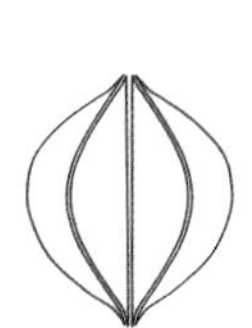

小花瓣线稿

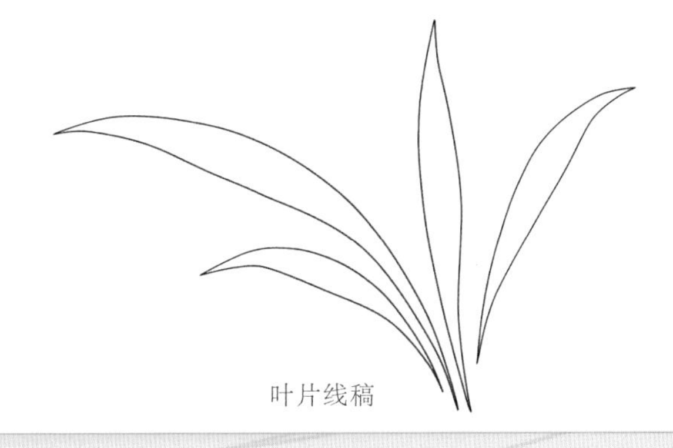

叶片线稿

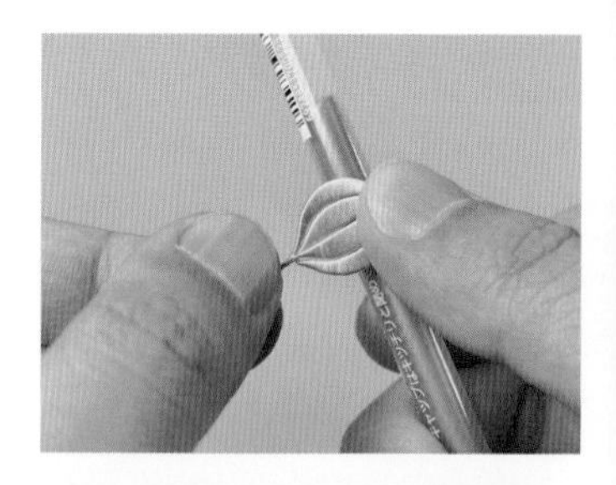

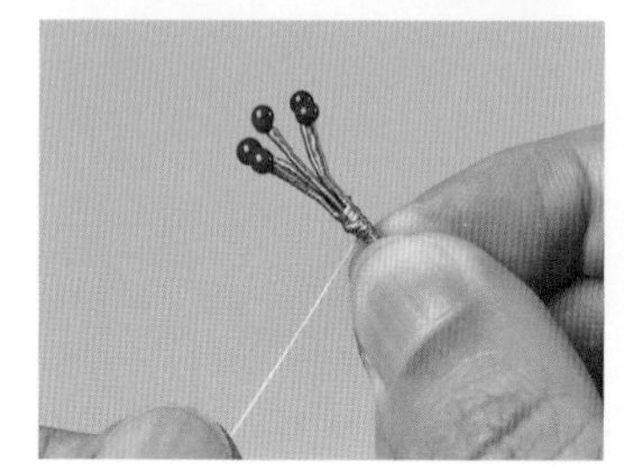

1. 准备好所需要的花片，兰花的花朵可以选择不同花片来搭配，而叶子则是细长形的。

2. 开始制作兰花之前，可以用笔辅助拗一下花片，使花片的弧度更加自然。

3. 准备好需要的花蕊，可以是花蕊配件，也可以是单独的圆珠。

4. 开始制作兰花。调整好花蕊高度后加入花片开始绑线。

5. 第一层花瓣可以绑三片花片。这里采用了两片外翻和一片包住花蕊的造型。

6. 绑第二层花瓣。

7. 这里借鉴了蝴蝶兰的造型，第二层花瓣只需两片花片。实操时可以根据自己的喜好改变花片的造型与数量。

8. 用同样的方法制作出两朵花。

9. 可以将兰花叶子染成渐变的颜色，增加层次感，喜欢纯色则可以省略这步。

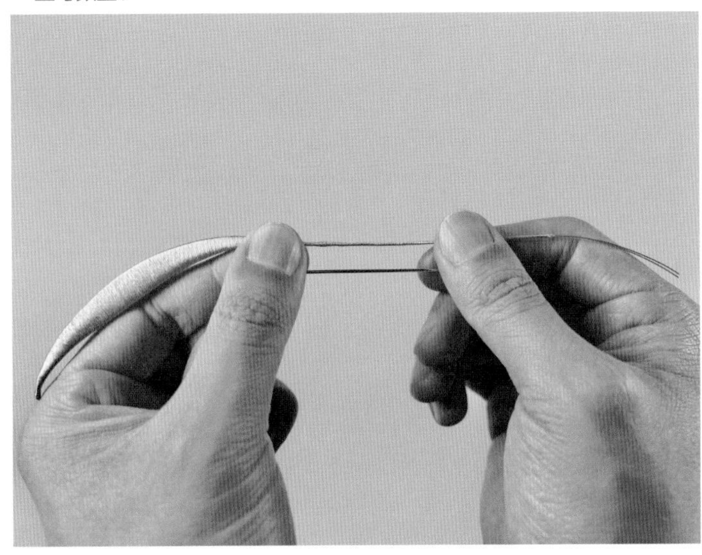

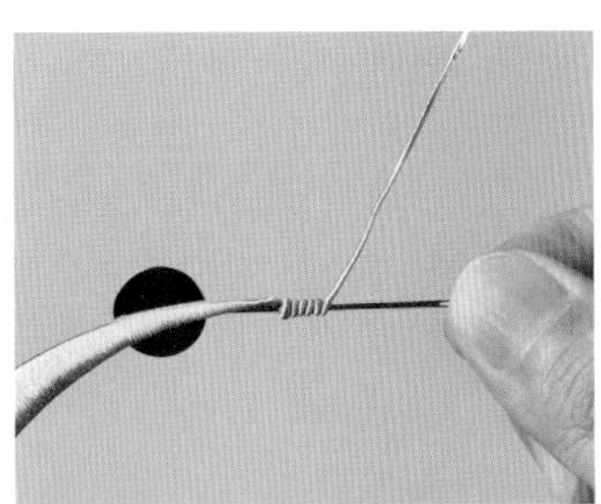

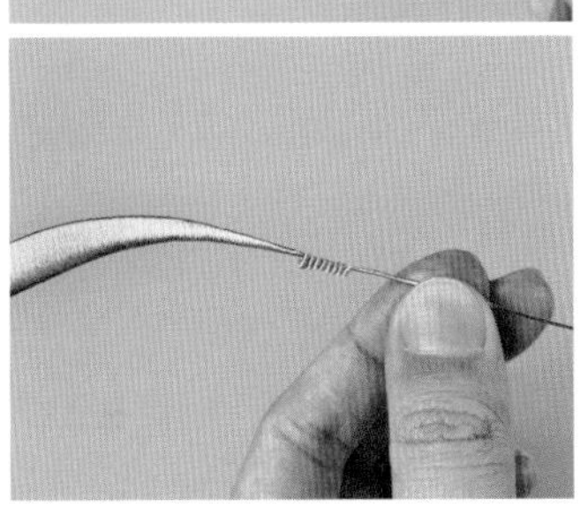

10. 这里选择最长的兰花叶片，准备将其做成一个带有弹簧的颤枝，增加作品整体的灵动感与趣味性。

11. 可选择较细的胸针或簪棍作为依附体，在叶片结尾处的铜丝上缠绕一小段弹簧。

12. 开始绑花秆，将两朵兰花固定在一起，绑成一根较长的花秆。

13. 从靠下的位置开始加入兰花叶片，将其与花朵稍微错开放置。

14. 加入带弹簧的叶片时，注意不要绑弹簧部分。

15. 加入其他叶片，错落有致地分布叶片。

16. 整体绑好后，用指腹将叶片拗出自然的弯曲弧度。

17. 绑线收尾时可以将花杆尾部留长一点。

18. 回折结尾部分，对折处留出一个小孔，可以用来挂流苏或者方便用一字夹来固定。

19. 稍微修剪铜丝，然后绑线，覆盖所有铜丝。

20. 绑完花杆后加入一段对折铜丝后再反方向回绑，铜丝对折部分与花杆对折部分的方向要一致。

21. 绑好后将绑线的一端穿入对折铜丝的孔中，拉紧。

22. 用钳子夹住铜丝一端，扯出铜丝，带出剩余的绑线，随后将多余的绑线修剪掉。

23. 兰佩软簪便制作完成了。

设计图稿

简单的竹叶融入小花点缀，叶片依附于一根竹枝，搭配发梳主体，整体具有竹枝自然生长的流线感。“会当尽染朝霞里，犹著红装添醉颜。”偏红的竹叶，相较于绿色的竹叶更温润和亮眼。

主配色参考

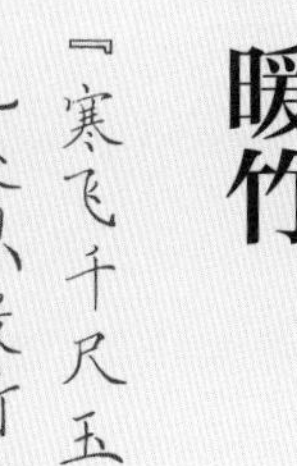

暖竹

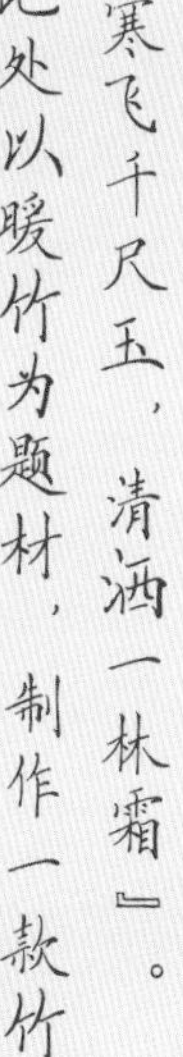

『寒飞千尺玉，清洒一林霜』。

此处以暖竹为题材，制作一款竹叶梳篦。

花片线稿

叶片线稿

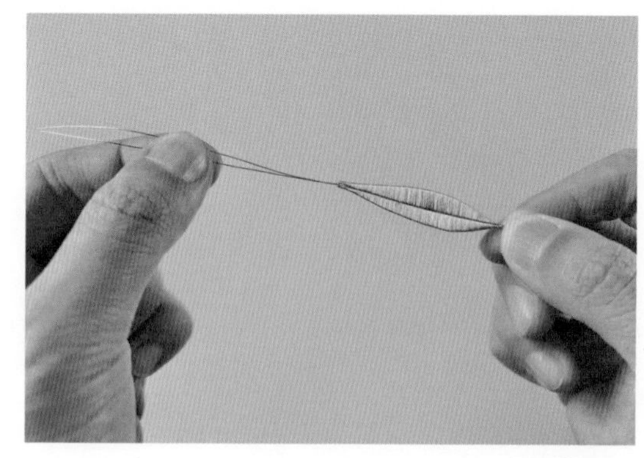

1. 准备好所需要的叶片，数量可以根据设计来确定。

2. 在叶片中间穿过一根铜丝，准备制作铜丝叶脉。

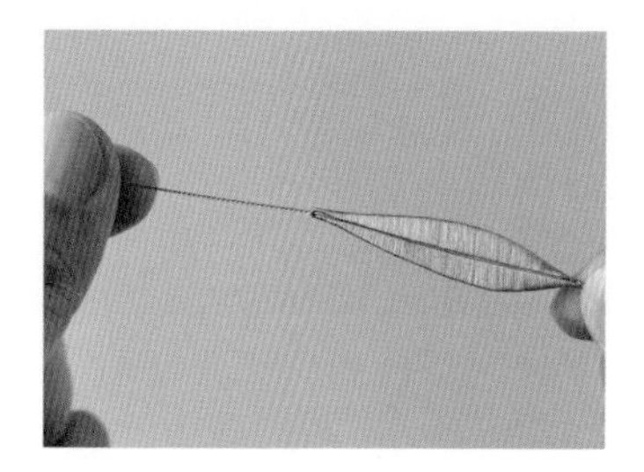

3. 将铜丝拧紧，增加精致感。

4. 将拧好的铜丝折到叶片上面，与叶片绑在一起。

5. 所有叶片的铜丝叶脉做好后，用指腹在叶片上拗出弧度。

6. 按照“人”“个”的字形，以二到三片叶片为一组，将其绑在一起。

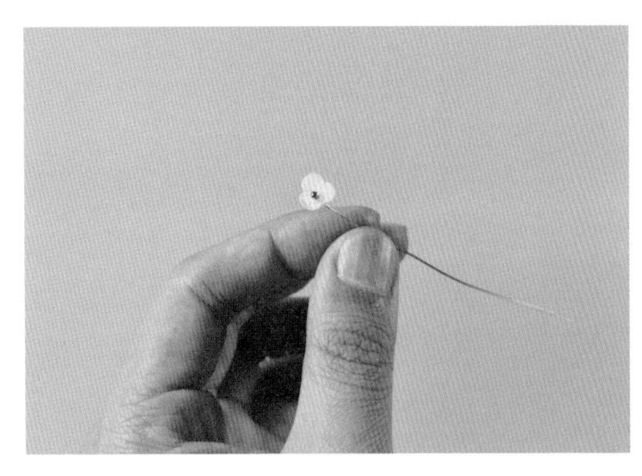

7. 将所有叶片绑好备用。

8. 用铜丝回穿一颗小珠子，再穿上自己喜欢的配件，点缀花杆。这里选用的是用蝶贝材料制作的小碗花。

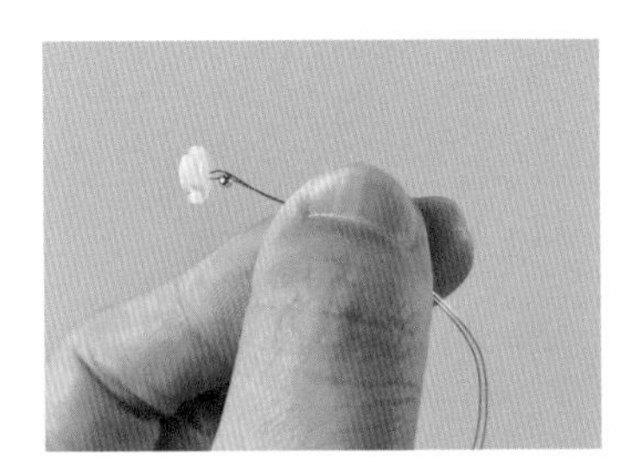

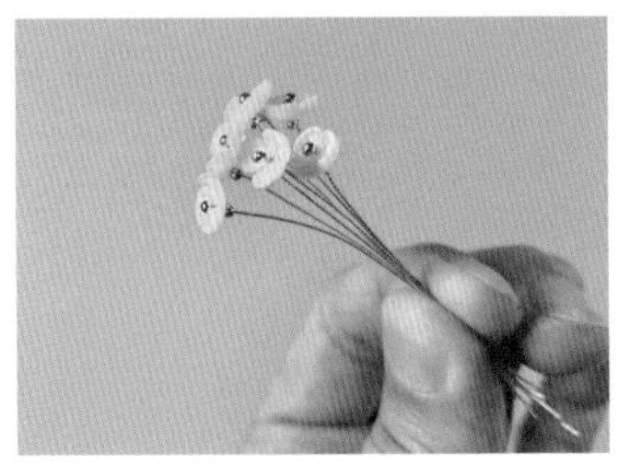

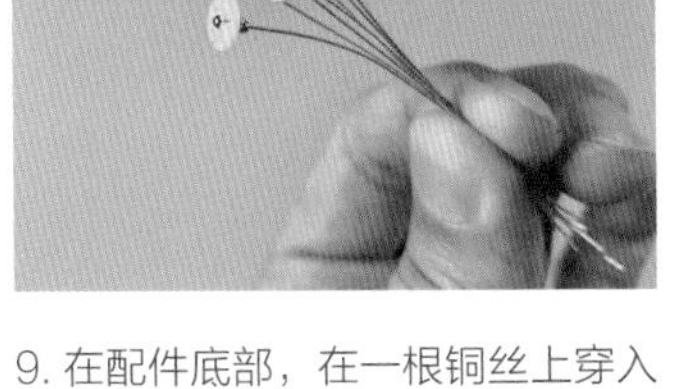

9. 在配件底部，在一根铜丝上穿入一颗小珠子，方便拧紧铜丝固定配件。

10. 制作出足够的配件，拧紧铜丝后备用。

11. 用较粗的铜丝缠线对折后做一根花杆，绑上叶片配件。

12. 在绑下一组叶片前添加一些小碗花在花杆上。

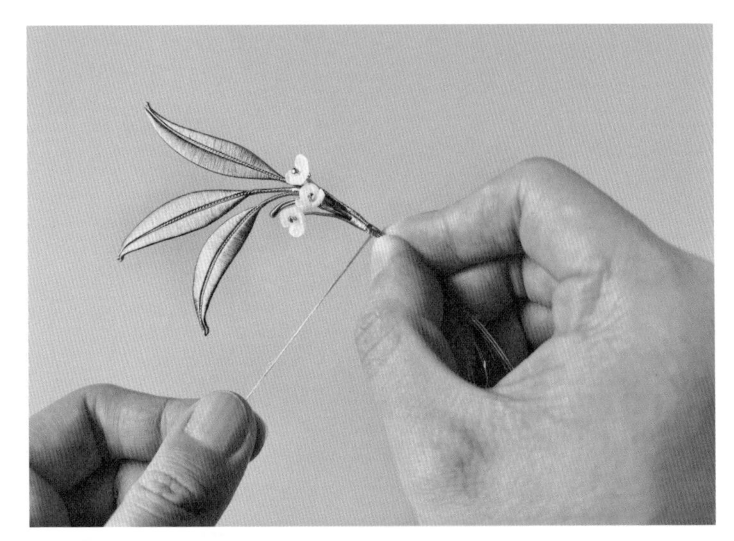

13. 再次添加叶片与花朵配件，注意整体的形态是否美观。

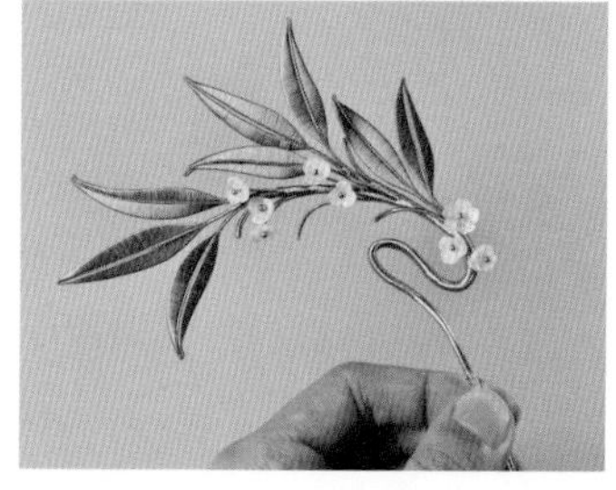
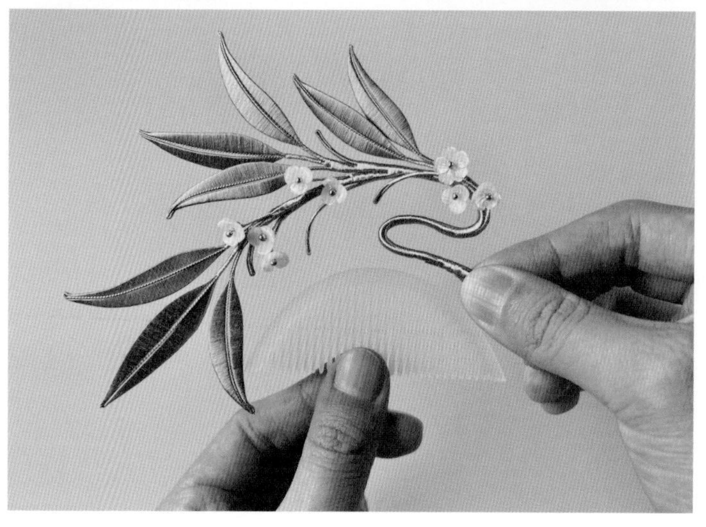

14. 将所有叶片与花朵配件绑完后继续绑一段花杆，方便后续调整整体造型。
15. 用尼龙钳把绑好的花杆拗出自己想要的造型。
16. 绑完花杆后就可以选择加上主体。

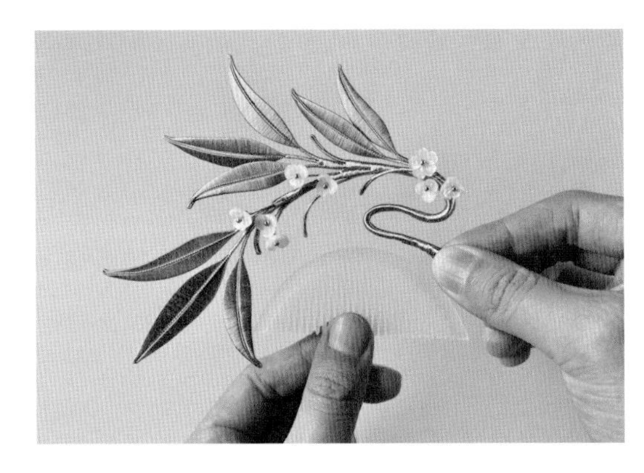

17. 选择自己想要搭配的主体，观察适合绑线的部位。这里选用的是梳篦。

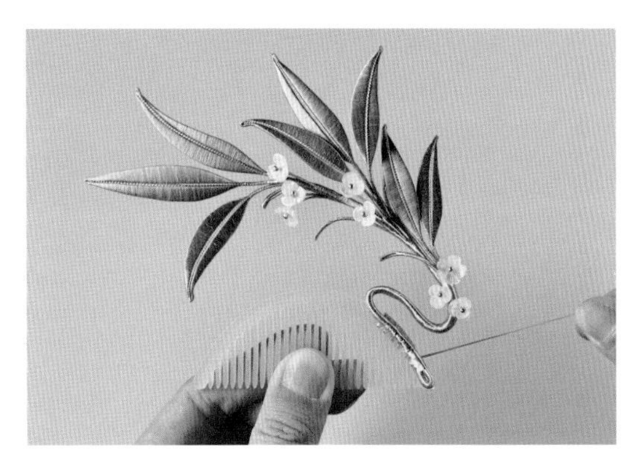

18. 绑梳篦时，将线从梳齿之间穿过，拉紧绑线固定。

19. 暖竹梳篦便制作完成了。

四

菊裳

『秋霜造就菊城花，不尽风流写晚霞』。此处以菊花为题材，制作一支华丽的唐风发钗。

设计图稿

菊花花瓣饱满均匀地排列，以搭配宽形的叶片。渐变的冷暖色可以增强花瓣的层次感，叶片用相近的暖色来呼应，和花朵相得益彰，整体色彩不会过于杂乱。

主配色参考

花片线稿

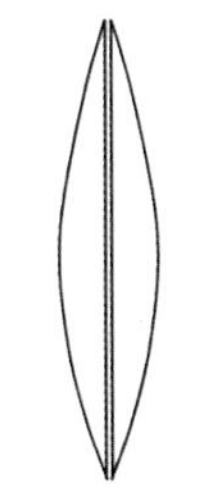

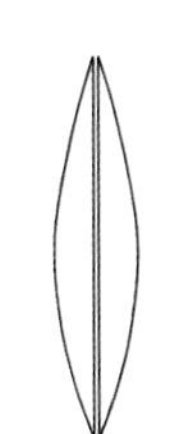

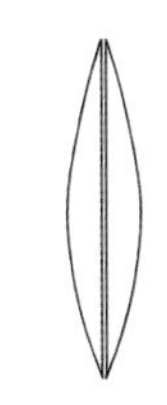

花瓣线稿（大、中、小三个尺寸）

叶片线稿

1. 准备好所需要的花片。菊花的花瓣较多，可以将几片花片连缠，防止最后花秆过粗。

2. 用笔将所有的花片拗出自然的弧度。

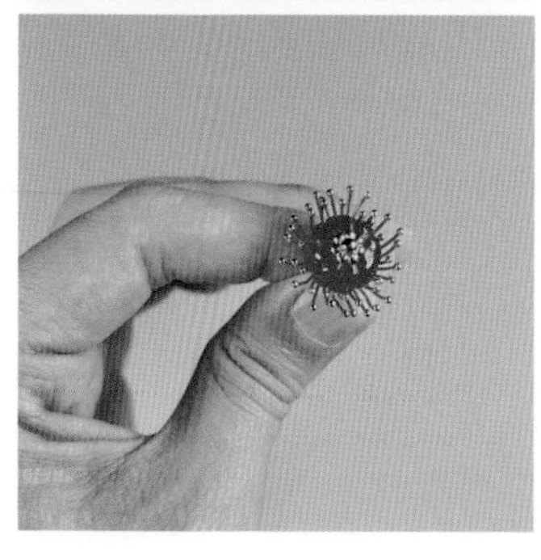

3. 用铜丝穿过一颗小圆珠，再固定住珠子和花蕊配件。

4. 开始围绕花蕊绑花片，可以把花片下方的铜丝部分捋平整一些再绑。

5. 将花片均匀地绑上去，绑完后调整一下。

6. 依次将第二层和第三层的花片绑好，花片数量可以随层数适当增加。

7. 在绑好的花朵底部涂一些珠宝胶或者UV胶，使花片更加稳固不易变形。

8. 准备好要用的叶片和花秆配件。

9. 选择一根较粗的花秆开始绑叶片。

10. 绑叶片和花秆配件时注意整体的流畅度，可以把主花秆做出一点弧度。

11. 将剩下的叶片和花秆配件同另外一根花秆绑在一起。

12. 将做好的两个部分绑在一起。花秆绑线可以绑长一点，注意叶片分布要疏密有致。

13. 用尼龙钳调整花秆的形态。这里做了一个对折花秆的处理，作为饰品整体的亮点。

14. 用缠好线的铜丝在花杆对折部分缠绕几圈再和花杆绑在一起，在固定对折部分的同时增加细节。

15. 在花杆上选择合适的位置，绑上做好的花朵。

16. 在绑好花朵的花杆上绑上小的花杆配件，做出花枝的自然姿态。

17. 拿出发钗，修剪一下花杆上的铜丝，调整长度和粗细，将花杆和发钗绑在一起。

18. 菊裳发钗便制作完成了。

设计图稿

用紧捻蚕丝线制作花瓣，搭配金属花蕊心配件，可以凸显光泽感。细长的叶子，搭配紫绿渐变色，衬托素净的花朵。点缀少量简单的配件，衬托发簪整体淡雅的气质。

主配色参考

五 凌波

『得水能仙天与奇，寒香寂寞动冰肌』。水仙素有凌波仙子的美称，此处以水仙为题材，制作一支发钗。

花片线稿

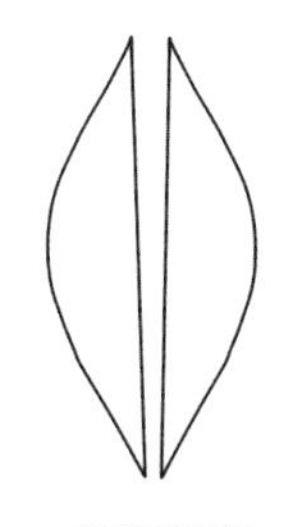

花瓣线稿

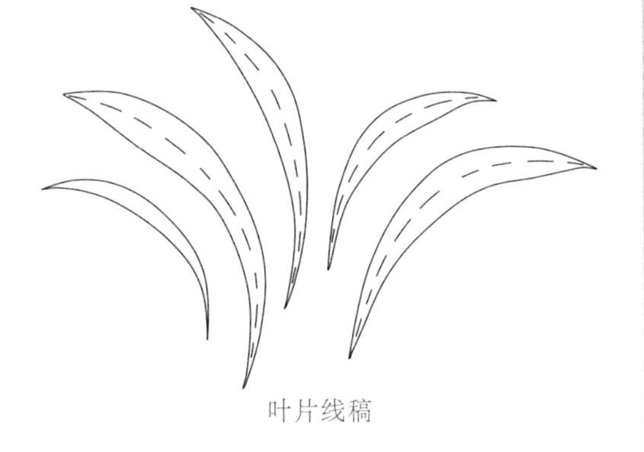

叶片线稿

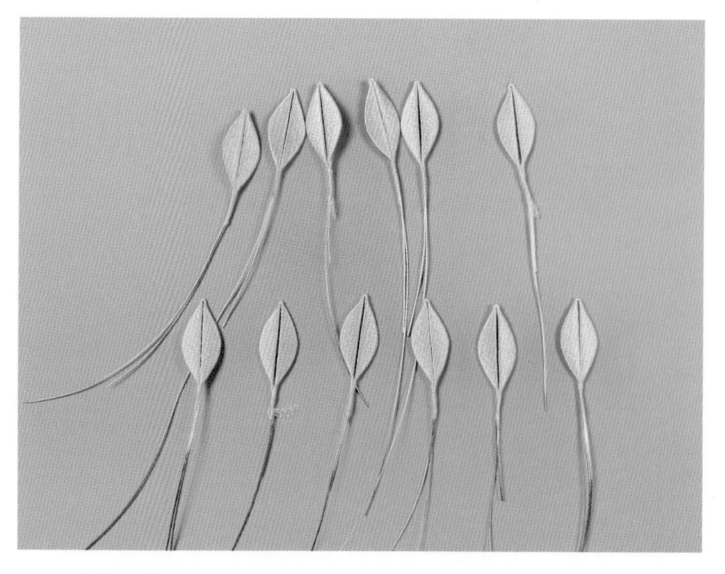

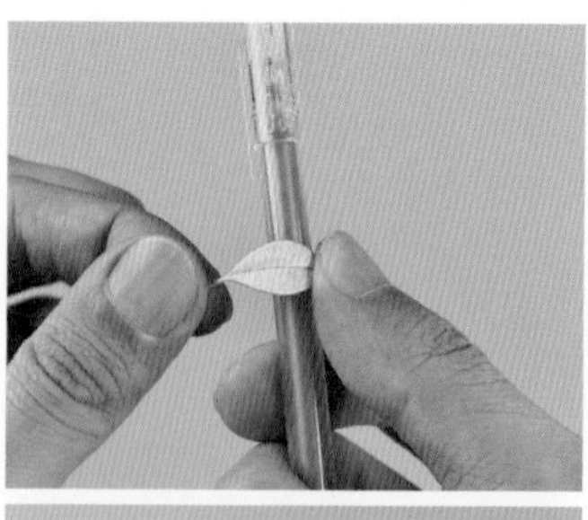

1. 准备好需要的花片，花片数量以一朵花六片花瓣为准。

2. 借助笔将所有花片拗出弧度。

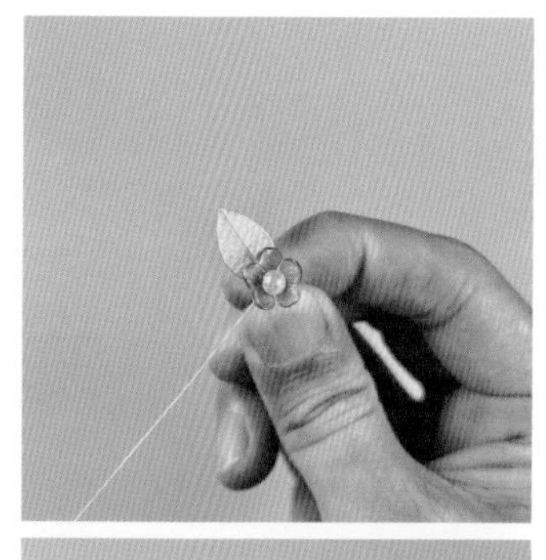

3. 将小圆珠穿过一个花托配件，作为水仙的副冠（金色部分）及花蕊（圆珠），围绕副冠开始绑花片。

4. 绑好六片花片后调整一下，花片之间可以稍微重叠。

5. 将绑好的花朵塞入珠托配件，把珠托底部顶到花杆最上方后开始绑线，绑一定厚度保证珠托不会下滑。固定好的珠托可以稳定花朵。

6. 用同样的方法制作好要用的花朵。

7. 准备好要用的叶片和配件。叶片的弧度可以参考后文“缠花花片图典”中的基础花片线稿。用合适的珠子制作配件，在花杆部分缠线。

8. 把绑好的花朵的花杆拗出自然的弧度。

9. 将两朵花绑在一起。注意两朵花之间的距离，太近容易变形，太远会形成视觉空缺。

10. 根据水仙花的生长姿态，将花杆绑线至一定的长度后，再依次加入配件和叶片。

11. 把左右的叶片交叉，为整体增加设计感。

12. 将剩余的叶片和配件绑好。以花杆为中心，注意左右各配件之间的平衡感。

13. 拿出发钗，在合适的位置绑线然后收尾。

14. 以水仙为题材的凌波发钗便制作完成了。

六

不染

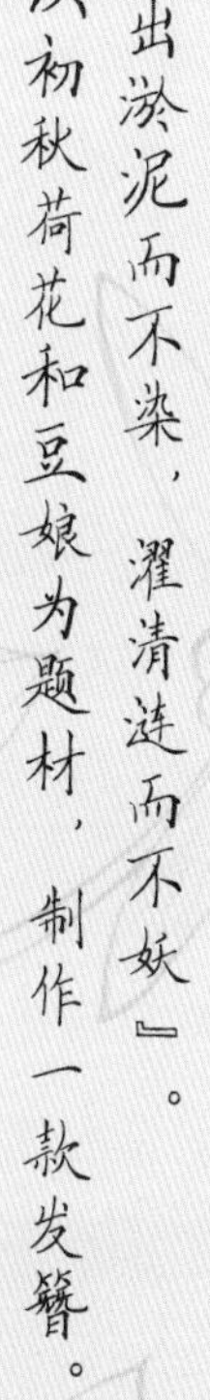
『出淤泥而不染，濯清涟而不妖』。以初秋荷花和豆娘为题材，制作一款发簪。

设计图稿

用纤小的叶片来制作豆娘，用铜丝表现翅膀上的纹理。“秋阴不散霜飞晚，留得枯荷听雨声。”整个作品以错落分布的花瓣来体现残荷，选用清爽干净的蓝绿色调，颜色和造型简约而雅致。

主配色参考

花片线稿

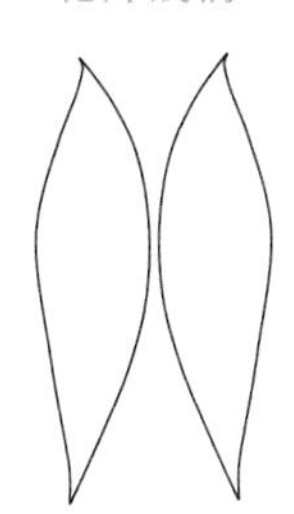

大花瓣线稿

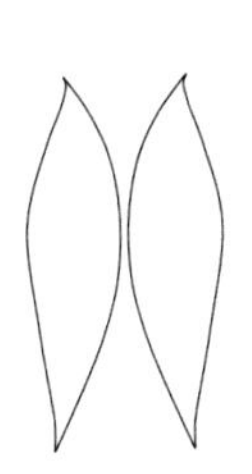

小花瓣线稿

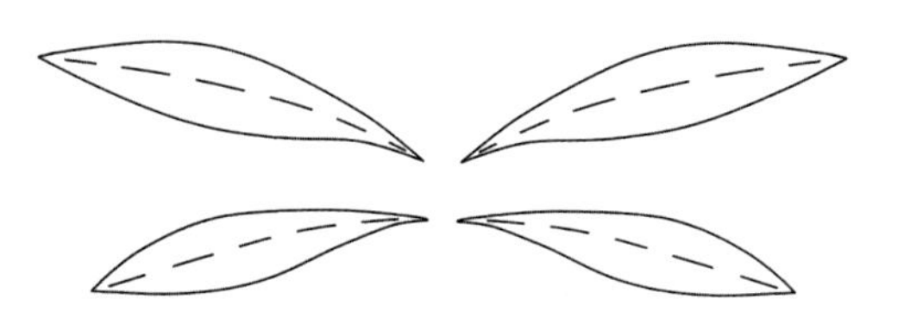

豆娘翅膀线稿

1. 准备好制作荷花所需要的花片，普通花片和立体花片都可以。

2. 用固体水彩对花片进行染色。若染色手法不娴熟，可以选择用渐变蚕丝线或者纯色丝线制作花片。

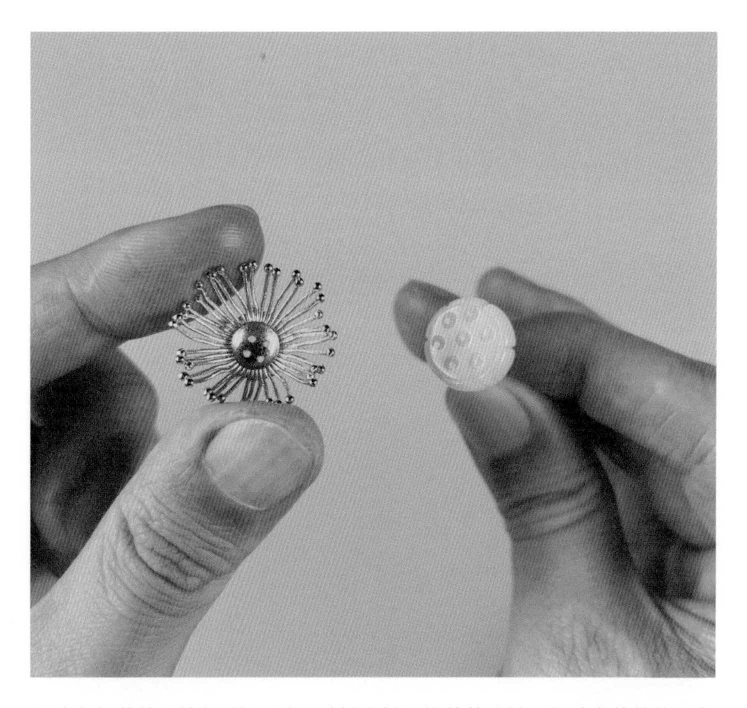

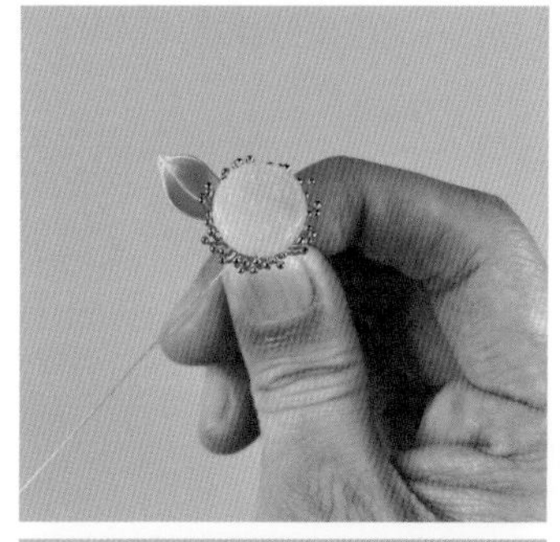

3. 准备好莲蓬和花蕊配件。这里选择用岫玉的莲蓬雕件，以贴合荷花的形态。

4. 固定好莲蓬和花蕊后开始绑花片。花片错落分布，以营造残荷的感觉。

5. 第二层花片的位置可以和第一层花片的位置稍微错开，注意花片颜色的分布要连贯一些。

6. 第三层只加一片花片即可，绑好后稍微调整，制作出残荷的造型。

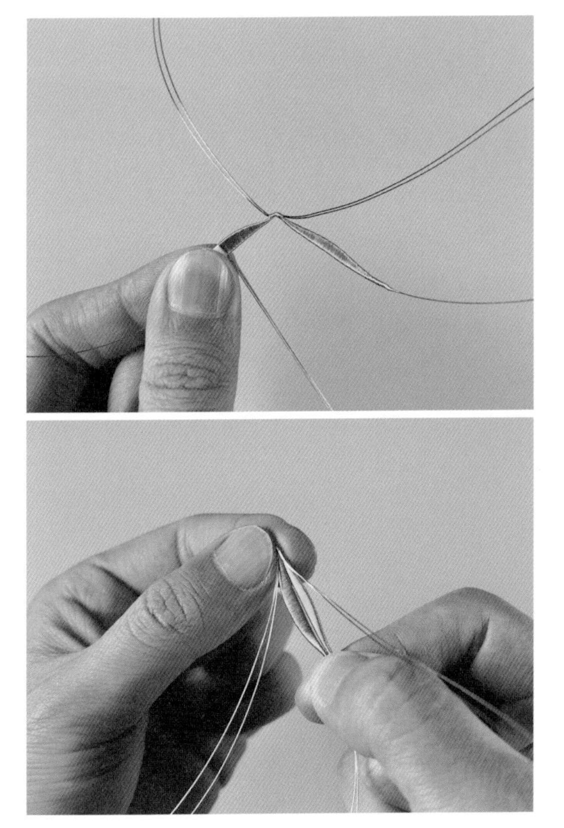

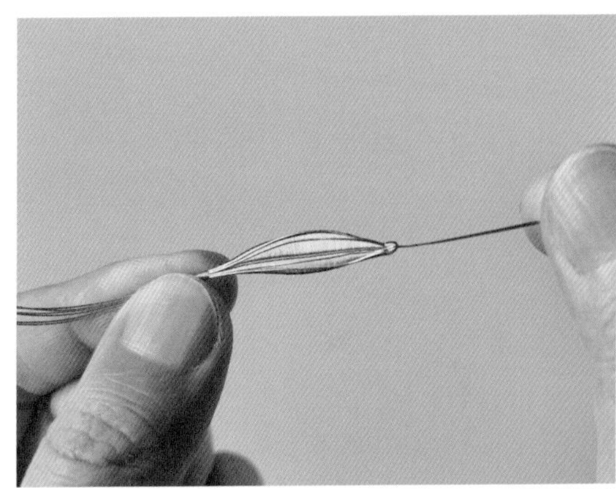

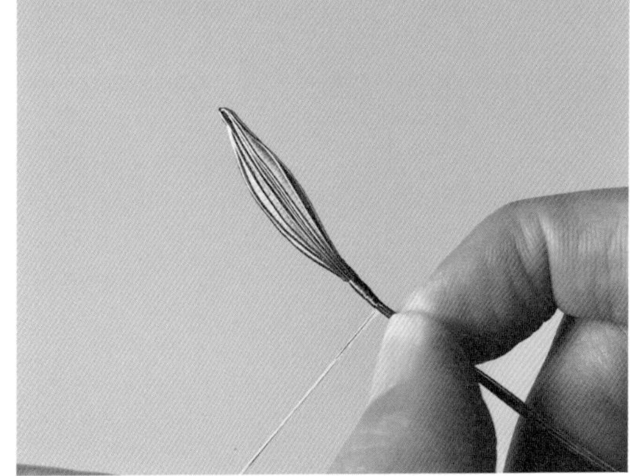

7. 用制作铜丝包边叶片的方法制作出豆娘的翅膀。为使翅膀的脉络更加细致，可以用两根铜丝来包边。

8. 制作完毕后，再用制作铜丝叶脉的方法，在叶片中间再穿过一根铜丝，翻折到叶片上与叶片绑在一起，增加翅膀上脉络的数量。

9. 依次做出四个翅膀，注意尺寸和形状需要两两对称。

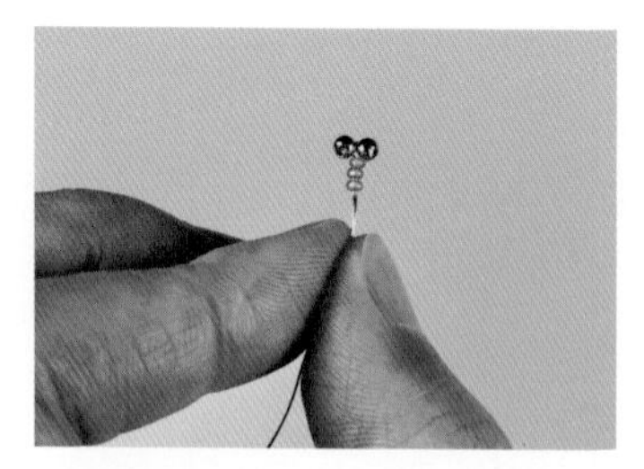

10. 用铜丝穿两颗小圆珠后合在一起，再穿入三颗米珠，作为豆娘的头部。

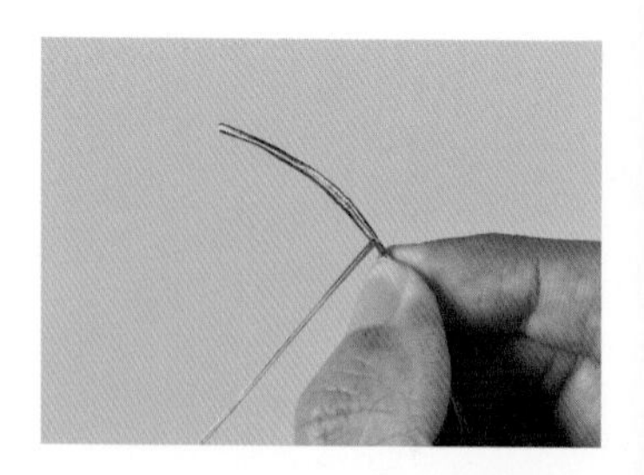

11. 在铜丝上缠线，作为豆娘的尾部。

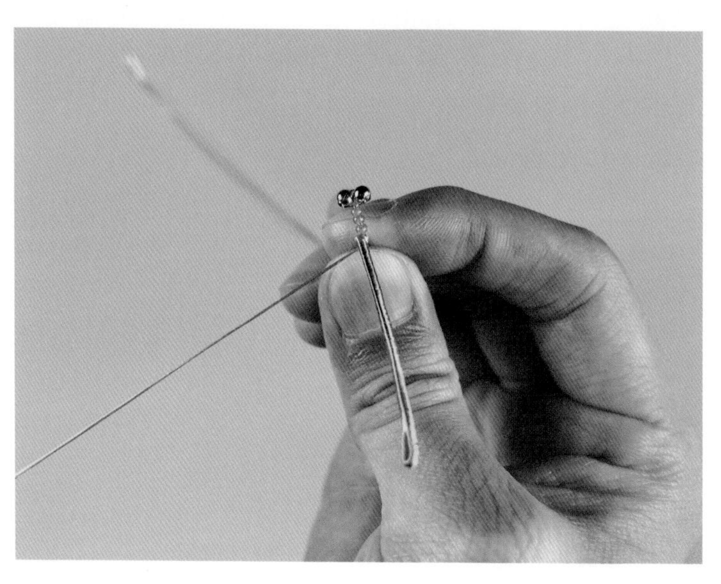

12. 把豆娘的头部和尾部绑在一起。

13. 加入制作好的翅膀，将其按照对称方式绑好，绑好后再对花秆绑线。

14. 在花秆上合适的位置绑制作好的荷花，荷花和豆娘的距离不要太近。

15. 绑花秆时可以加入一两颗米珠点缀，增加花秆的细节。

16. 用尼龙钳把绑好的花杆拗出想要的造型，注意花杆整体的流畅度。

17. 选择合适的主体（这里选用的是发簪），准备绑线和收尾。

18. 以荷花和豆娘为题材的发簪便制作完成了。

设计图稿

“桂花簇幼黄，幽香入绣囊。”用数朵小花组成桂花簇，体现金桂的小而繁多，挂满枝头。宽阔的金绿渐变色叶片和桂花相呼应，和桂花同色调的圆珠作为配件点缀花枝，体现金秋送爽的意境。

主配色参考

金桂

『桂花留晚色，帘影淡秋光』。此处以桂花为题材，制作一款金桂发梳。

花片线稿

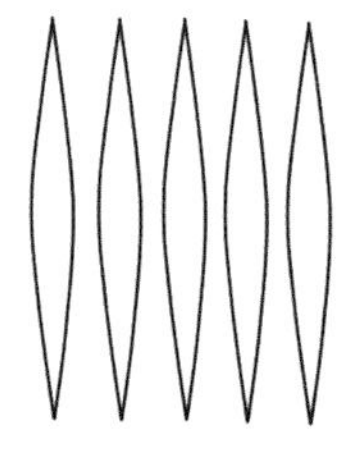

花瓣线稿

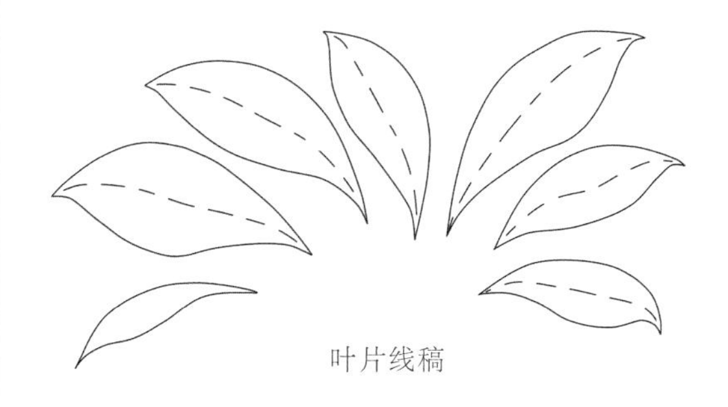

叶片线稿

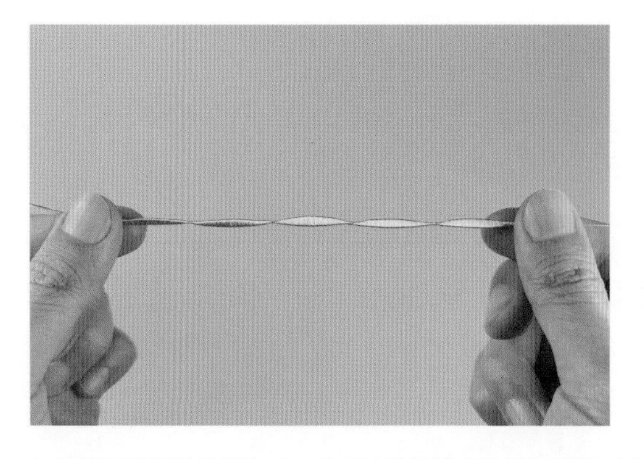

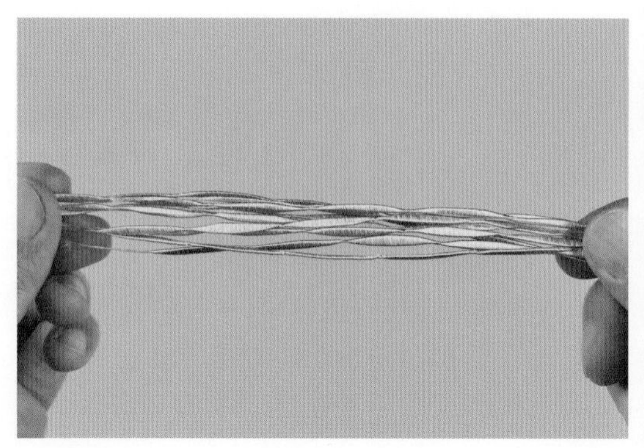

1. 按照示意图的排列方式，将五片单片的花片用一根铜丝穿在一起。

2. 用两个相近的颜色制作花片，准备好要用的花片。

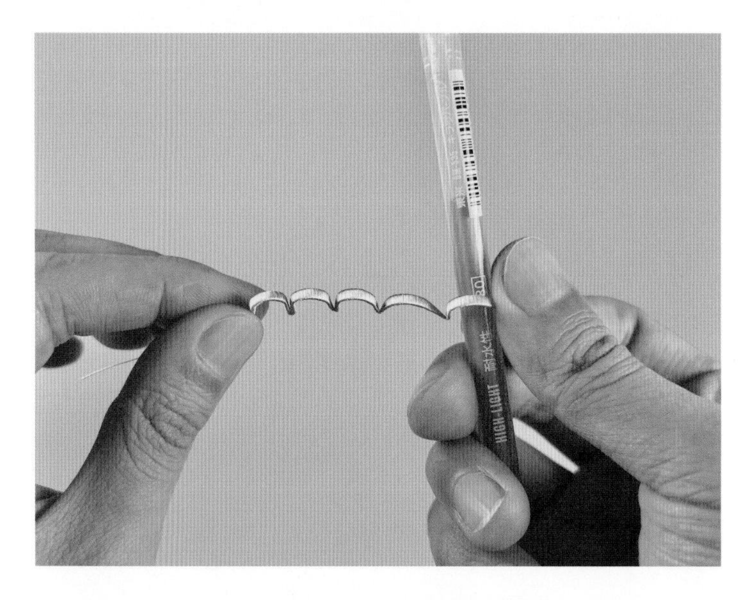

3. 用笔把每一片花片拗出弧度，并把花片连接处的铜丝向下对折。

4. 用铜丝穿一颗小珠子作为花蕊，把花片上的铜丝对折处绑在花蕊下面合适的位置。

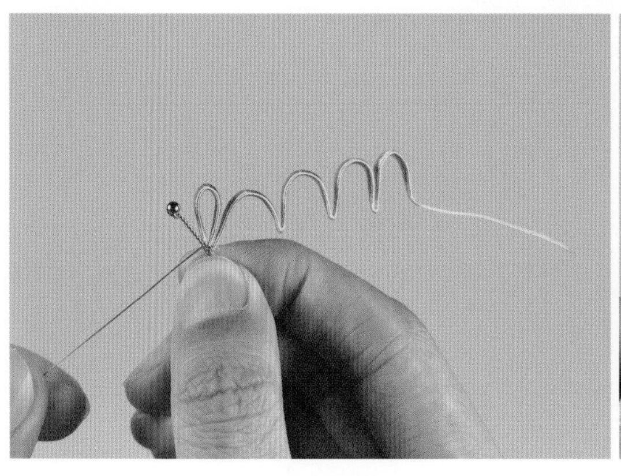

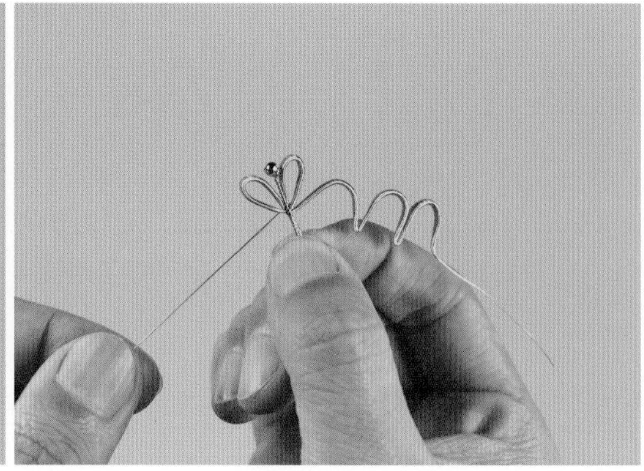

5. 把五片花片围绕花蕊均匀地绑在一起，调整后收尾，一朵小花便制作完成了。

6. 按照同样的方法制作出要用的小花。

7. 以一朵小花为中心，把三四朵小花均匀地绑上去，固定成一簇桂花。制作两个桂花簇备用。

8. 准备染好色的叶片和点缀用的圆珠配件。叶片也可以用渐变蚕丝线或纯色线来制作，圆珠配件的花杆需要缠线。

9. 把缠线的铜丝对折作为花杆，开始绑叶片。

10. 顺着花杆往下绑叶片，叶片分布均匀自然，同时绑一段花杆作为桂枝。

11. 在合适的位置绑上点缀的配件和桂花簇，花杆可以适当捏出弧度。

12. 在花杆的左右空缺处绑上叶片，注意桂花簇和叶片间要留有一定的空隙。

13. 将两个圆珠配件绑成一根小花枝，再将其绑到主花杆上，让作品更加饱满。

14. 绑上另一个桂花簇和剩下的叶片，全绑完后需要再绑一段花杆作为与主体相连的部分。

15. 用尼龙钳把花秆拗出想要的弧度，注意花秆的流畅度。

16. 在花秆上比对一下绑主体（这里用的是发梳）的位置，可以修剪花秆，也可以回折花秆对其做一个流苏扣处理。

17. 绑好发梳后将绑线收尾，金桂发梳便制作完成了。

八 蝶戏

『蝶倦枝头飞不去。醉色迷香，抵为春留住』。此处以蝶戏牡丹为主题，制作一款发钗。

设计图稿

用平面花形的绑法来制作牡丹，将其和颤珠蝴蝶相配，牡丹和蝴蝶的位置可以稍微叠压，营造蝶戏牡丹时的灵动感。回弯的枝干可以使构图更丰富。用低饱和度的灰紫色与灰绿色搭配不显突兀。

主配色参考

花片线稿

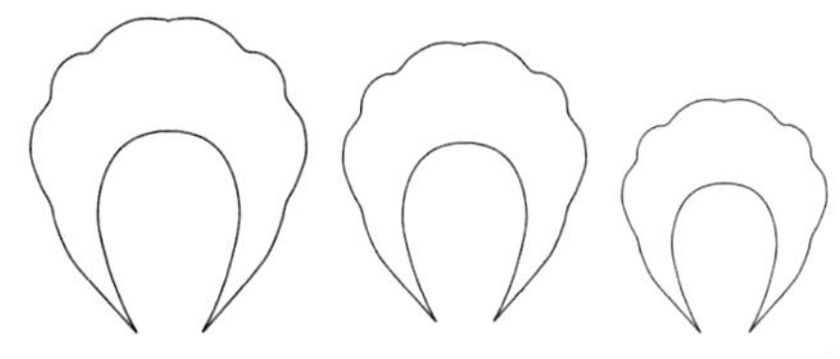

花瓣线稿（大、中、小三种尺寸）

蝴蝶线稿　　叶片线稿

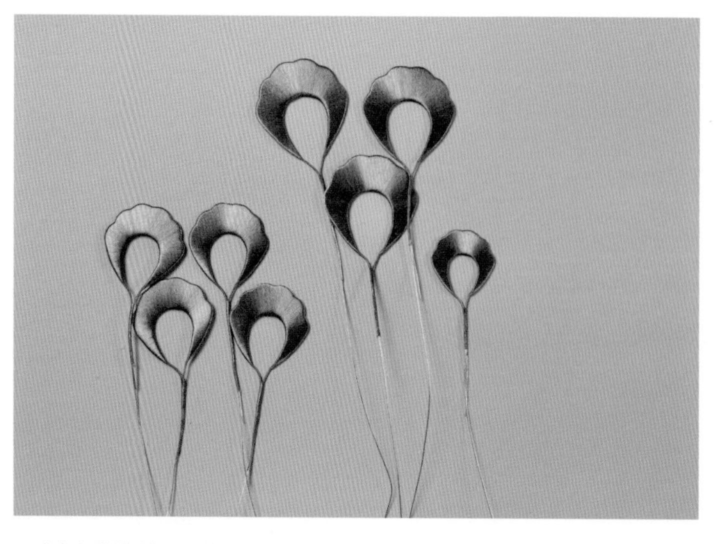

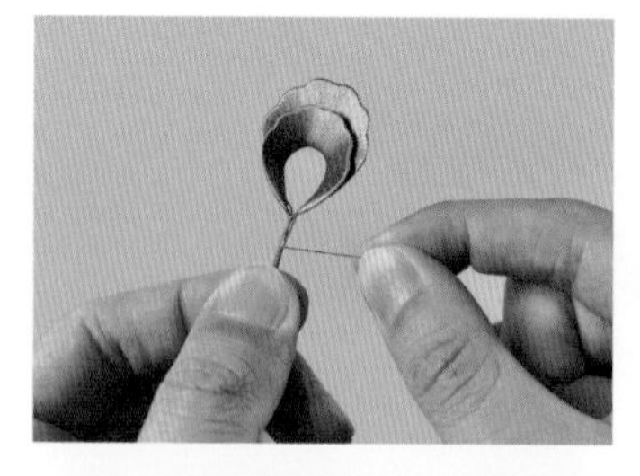

1. 准备好制作牡丹的花片。注意花片的尺寸和数量，图中的花片有三个尺寸（大号、中号、小号）。

2. 将大号与中号花片绑在一起，制作出三组花片。

3. 以其中一组花片为中心，在上面左右对称地分别绑上一组花片配件。

4. 准备一颗自己喜欢的圆珠，穿过一个金属花蕊配件，用圆嘴钳将上方花蕊调整成放射状，花蕊下方贴紧珠子。

5. 再将一片中号花片压在已制作好的花片组合的中间，增加花片的层次感。最后，把组合好的花片和花秆绑在一起。

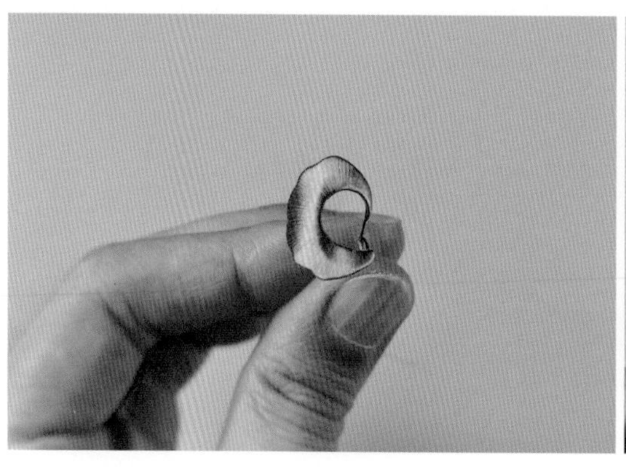

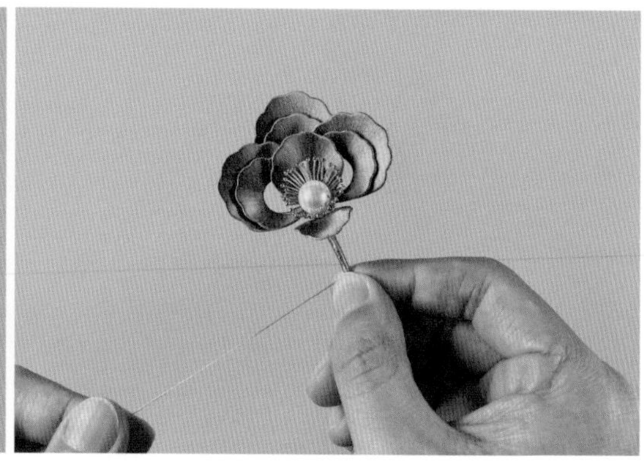

6. 将一片小号花片拗出比较大的弧度，将小号花片按照托住花蕊的方向绑好。绑好花朵后备用。

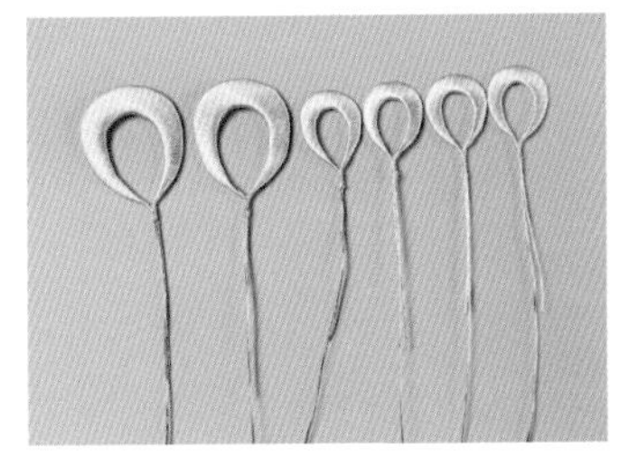
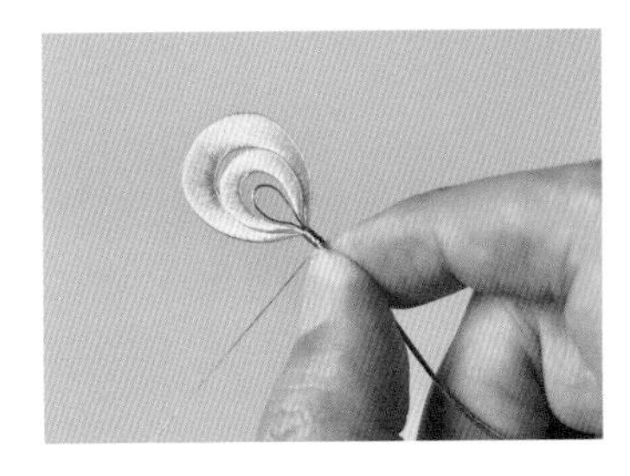

7. 准备好制作蝴蝶要用的花片，花片尺寸可以有大有小，因为蝴蝶是对称结构，所以同一尺寸的花片需要是双数的。

8. 将大小两个尺寸的花片绑在一起，也可以再叠加一段铜丝或一颗珠子，增加蝴蝶翅膀的层次感。

9. 按照同样的方法，绑出两组对称的花片备用。

10. 准备一颗管珠，穿进铜丝制作蝴蝶的身体。可以在管珠中间缠绕一段缠线铜丝，增加细节。

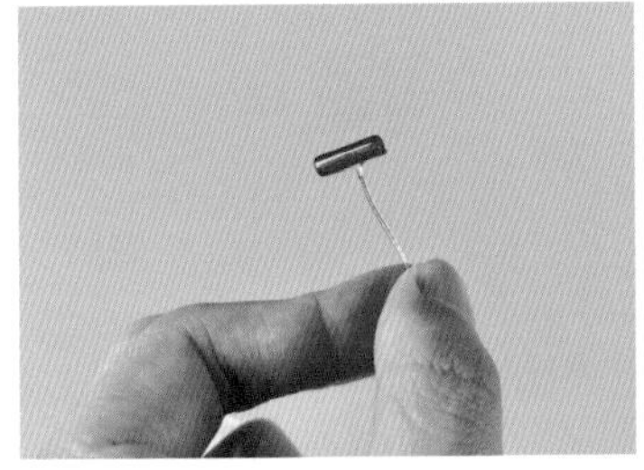
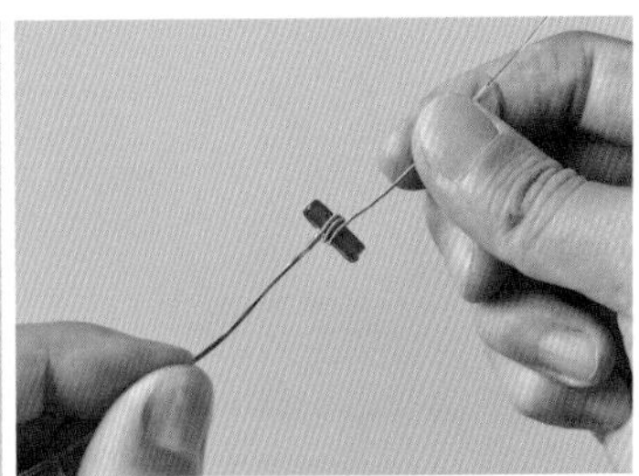

11. 先绑一侧的蝴蝶翅膀，按照上大下小的顺序绑好花片。

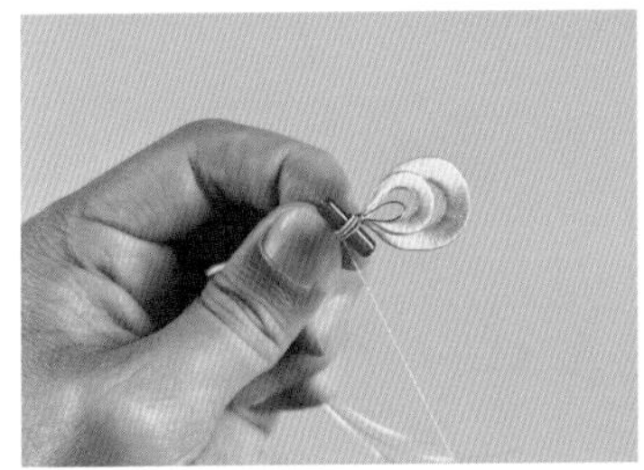
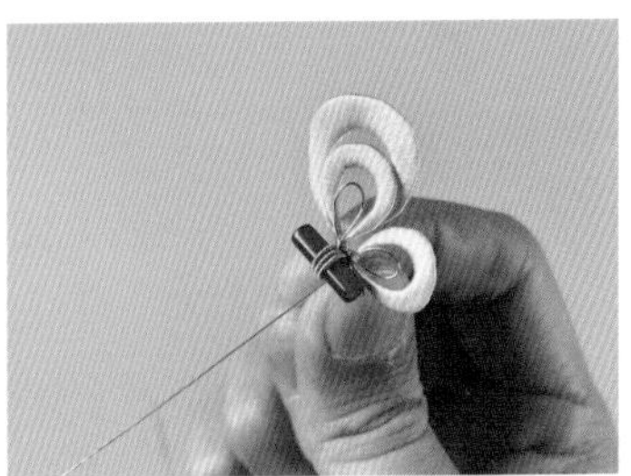

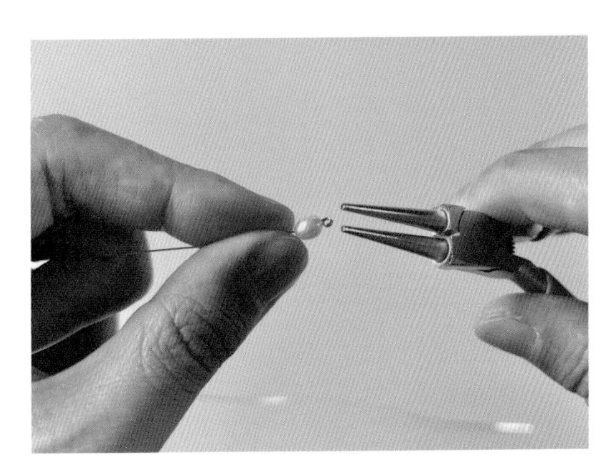

12. 把两侧的花片对称绑好，蝴蝶的雏形就完成了。

13. 开始制作蝴蝶触角。用圆嘴钳把铜丝的一端卷弯，再穿入珠子。

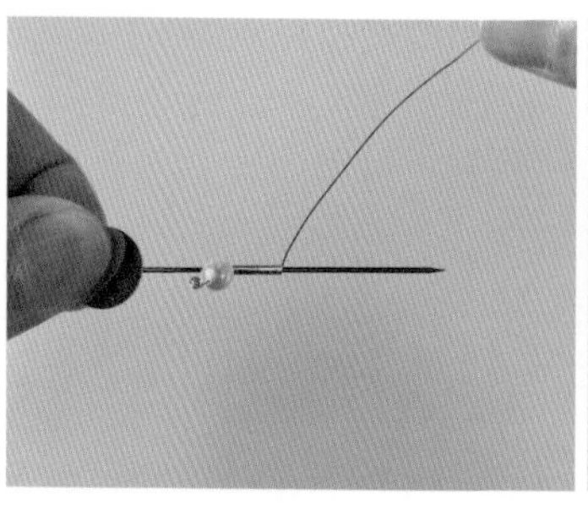
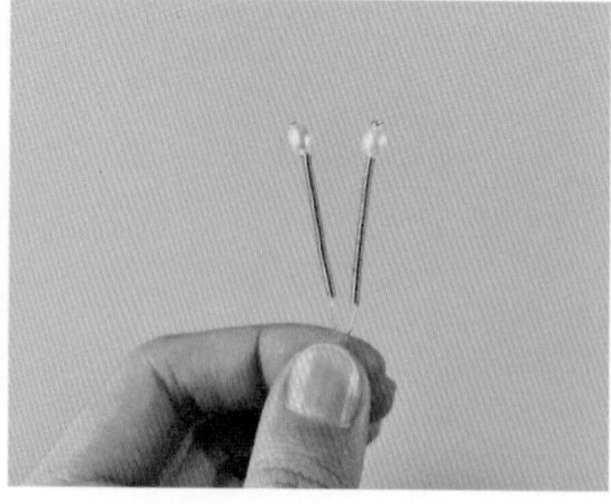
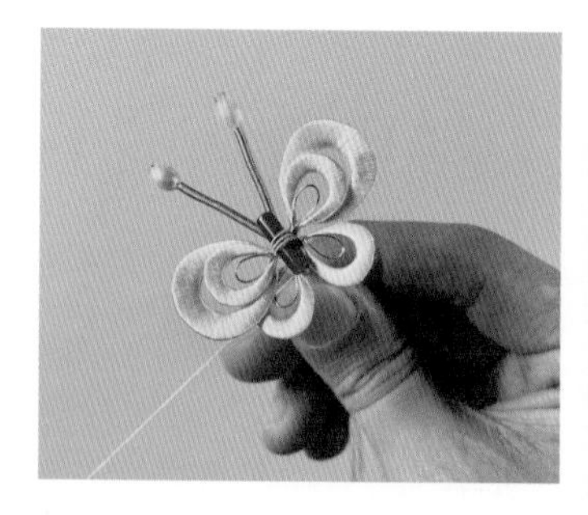

14. 在较细的发钗主体上密实地缠绕铜丝，缠绕一定的长度后取出，制作两根弹簧配件作为触角。

15. 把触角绑在蝴蝶上方合适的位置，绑好后备用。

16. 准备好要用的叶片。

17. 以绑好的花朵的花秆作为主花秆，开始绑叶片。

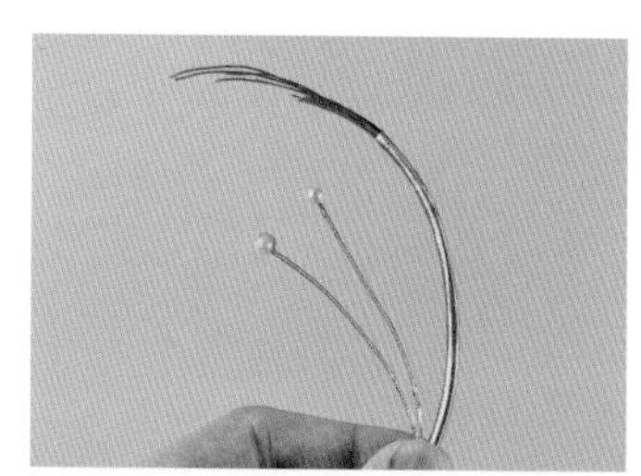

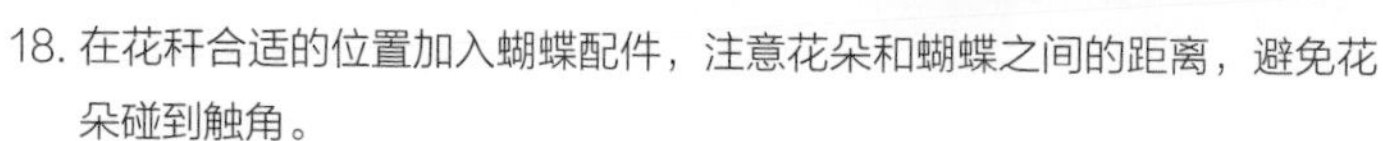

18. 在花秆合适的位置加入蝴蝶配件，注意花朵和蝴蝶之间的距离，避免花朵碰到触角。

19. 准备两颗点缀花秆的珠子，用铜丝穿过珠子后绑线。再用几根较粗的铜丝绑一根花秆（推荐用0.6mm粗的铜丝）。

20. 用这些配件和剩下的叶片再绑一根花秆。

21. 在合适的位置加入做好的花秆，做一个回折枝干的设计。

22. 用尼龙钳调整形态，回折后将两根花秆绑在一起固定。

23. 调整花秆造型，将其和花蝶部分绑在一起。

24. 拿出发钗，准备绑线和收尾。

25. 蝶戏发钗便制作完成了。

设计图稿

主花加花苞的造型可以分别体现牡丹正面和侧面的美。中心式构图可以让花朵显得更饱满，不需要喧宾夺主的花秆设计，可在空隙中加入数朵小花，丰富整体的构图。用温润的香槟色系做牡丹和叶片，整体统一的色调大方自然。

主配色参考

九 国色

『唯有牡丹真国色，花开时节动京城』。牡丹素有『国色天香』的美称，此处制作一款以牡丹为题材的发钗。

花片线稿

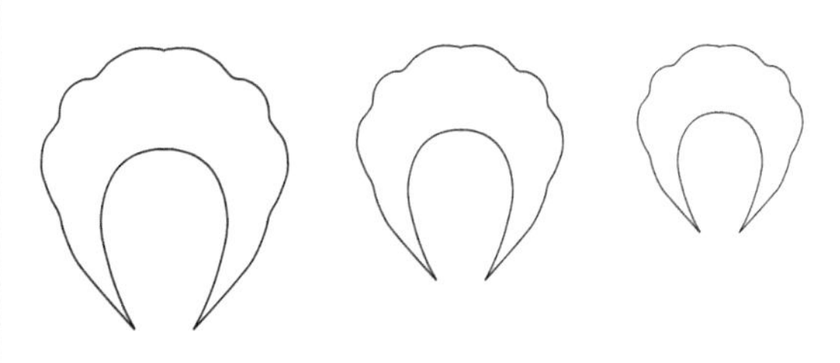

花瓣线稿（大、中、小三个尺寸）

叶片线稿

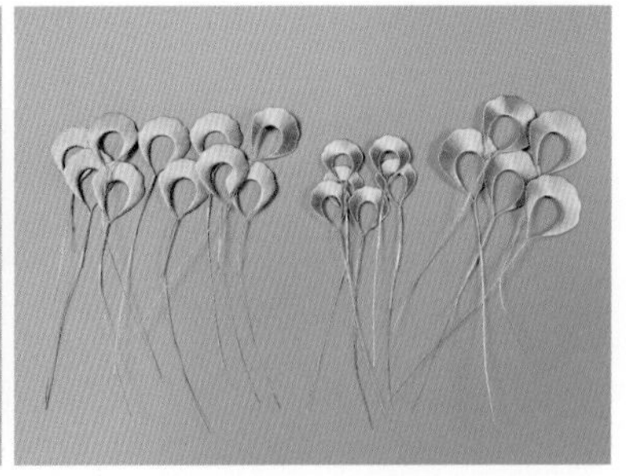

1. 准备好所需的花片。做牡丹花瓣的花片有三个尺寸。

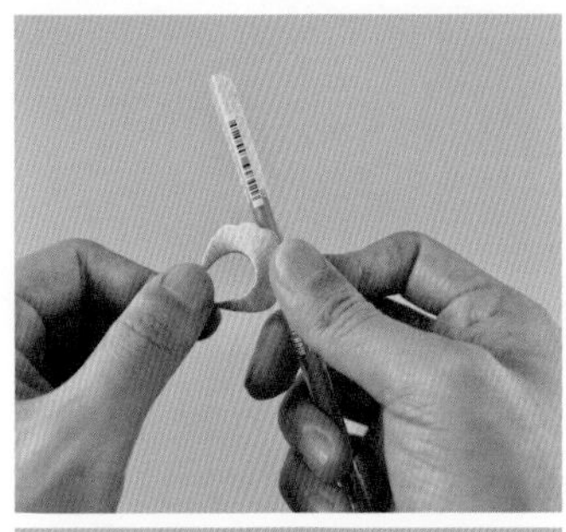

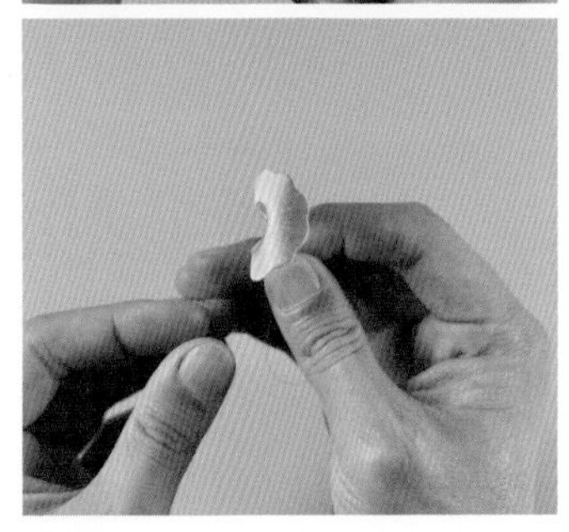

2. 用笔将花片拗出自然的弧度，可以使绑好的花更有立体感。

3. 将所有花片拗出弧度后备用。

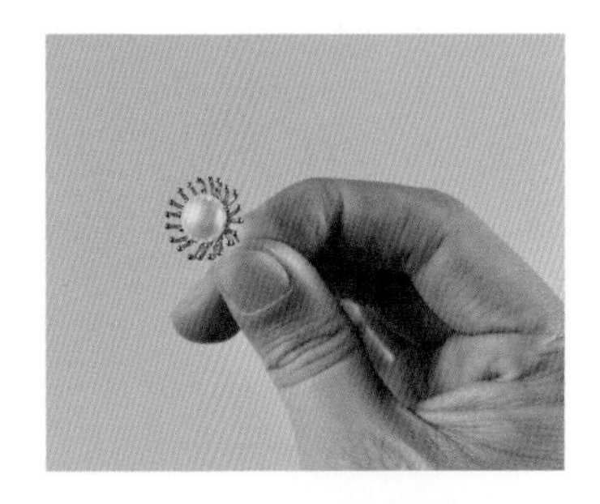

4. 准备好自己喜欢的花蕊配件，可以尝试用不同的配件来搭配。

5. 将第一层的三片小尺寸花片均匀绑好。

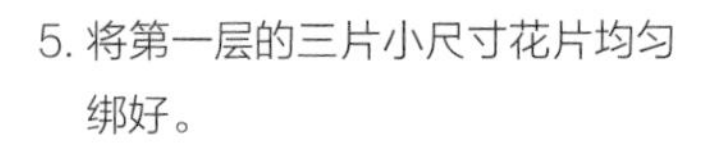

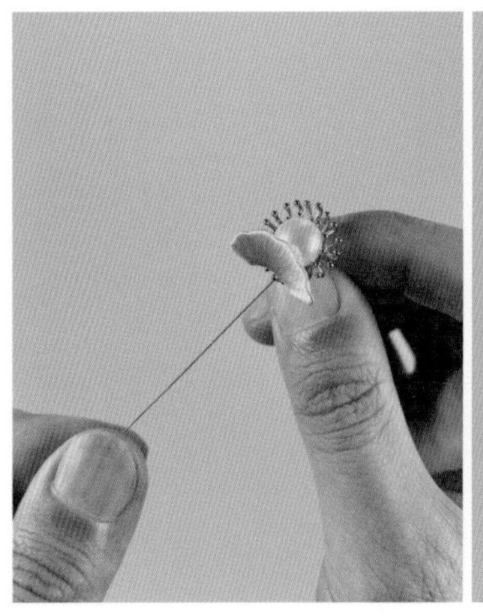

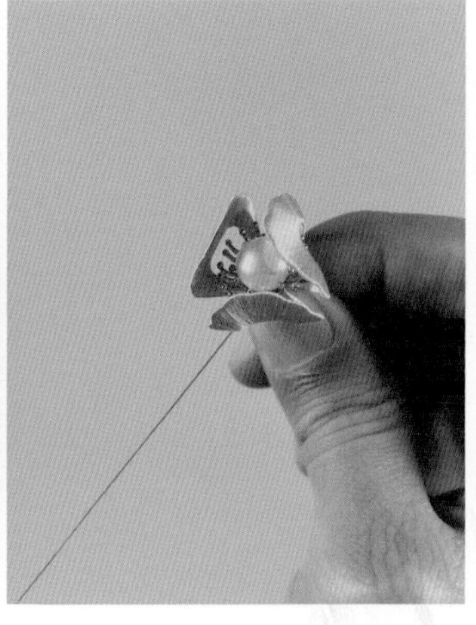

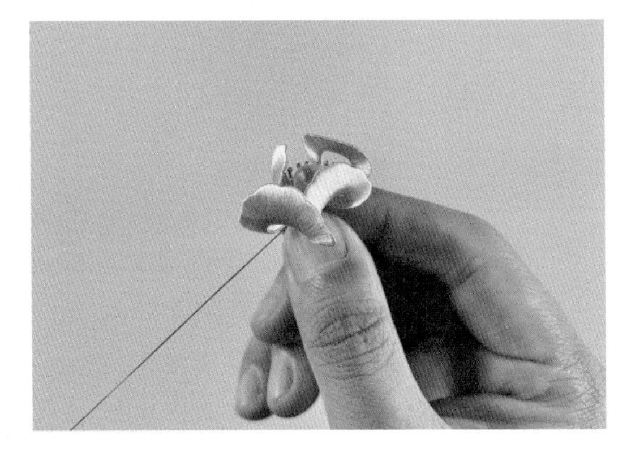

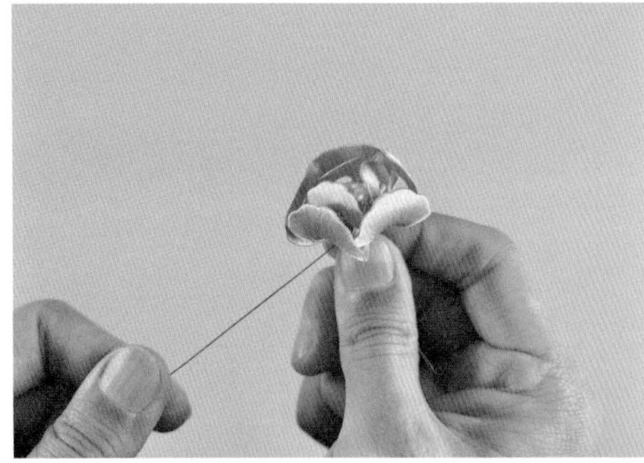

6. 开始绑第二层花片，数量可以增至五片，尺寸也可增大一号，使花片之间有层次感。
7. 绑第二层的花片时需采用一片压住一片的方式依次加入花片，绑完后花朵呈闭合状态。只有两层花片的花朵可以作为小花来使用。

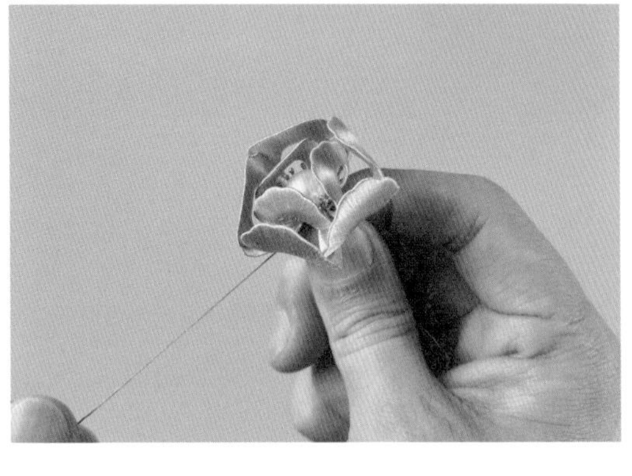

8. 绑大花时要绑三层花片，第三层花片可选用大尺寸花片。注意绑第三层花片的位置可以适当靠下，留出一部分花秆。
9. 绑完第三层花片，大花便制作完成了。

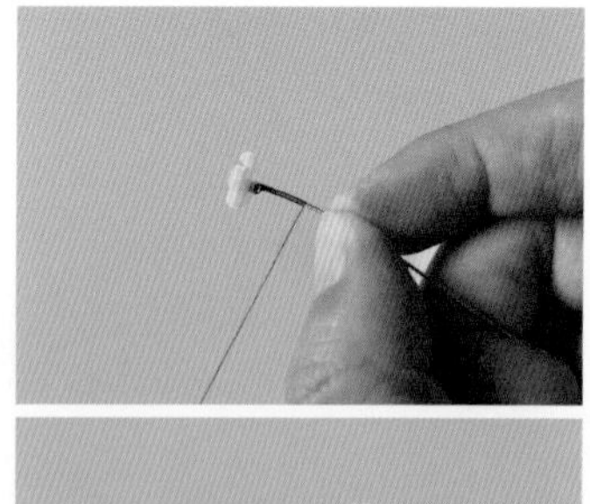

10. 制作好所需的花朵，数量可以根据设计来确定。

11. 将用作点缀的配件缠线，避免铜丝外露，且增加作品整体的完整性。

12. 以小花的花杆为起始点，绑入叶片。

13. 在花杆空缺部分加入配件点缀，绑的时候注意花杆的平整度。

14. 在适当的位置绑入大花。

15. 可以用剩下的叶片单独绑一根较长的花杆。

16. 将叶片和其他配件依次绑入主花杆上，注意配件之间的协调性。

17. 选择合适的主体（这里用的是发钗），决定好固定的位置，用丝线进行缠绕。

18. 缠绕结束后收尾，牡丹发钗便制作完成了。

十

玉兰

『玉兰花开色紫嫣，
千里春风醉蕊间』。
此处以紫玉兰的花枝为灵感，
制作一款发簪。

设计图稿

玉兰花枝干自然弯折，不同姿态的花朵表现出玉兰花的生命力。用花苞配件、小叶片和亮色的小圆珠点缀整体，增加细节。柔和的紫色和绿色搭配，贴合玉兰花（温婉）、沉静的气质。

主配色参考

花片线稿

叶片线稿

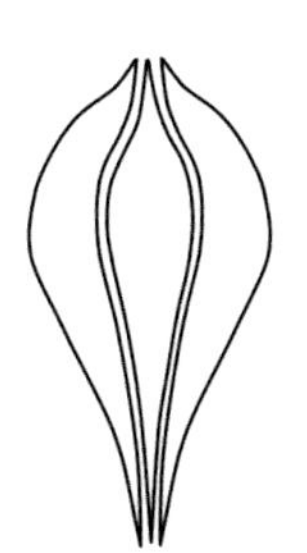

花瓣线稿

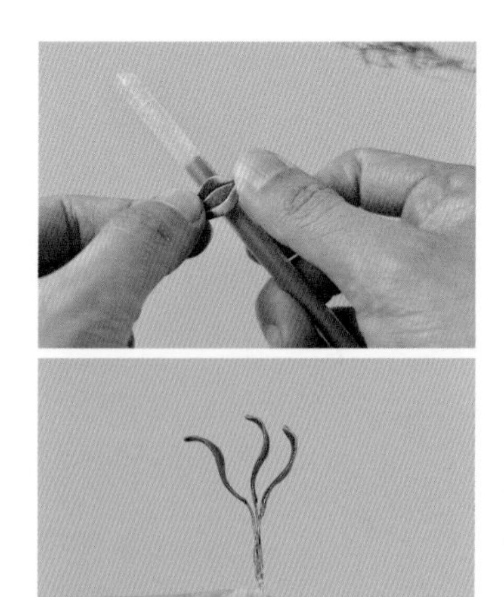

1. 准备好所需的花片，花片以玉兰花瓣为主，还可以做一些细小的叶片点缀枝干上。

2. 用笔将三片花片拗出“S”形的弧度，作为玉兰花的第一层花瓣。

3. 先绑线固定花蕊，也可以选用石膏花蕊、小圆珠等配件。

4. 以花蕊为中心，依次绑上第一层的三片花片，位置以包住花蕊为准。

5. 第二层的花片可以适当拗出往外翻的弧度，花片间可以稍微重叠。

6. 第二层绑五到六片花片，绑时确保所有花片都压住上一片，直至所有花片形成闭合圈。

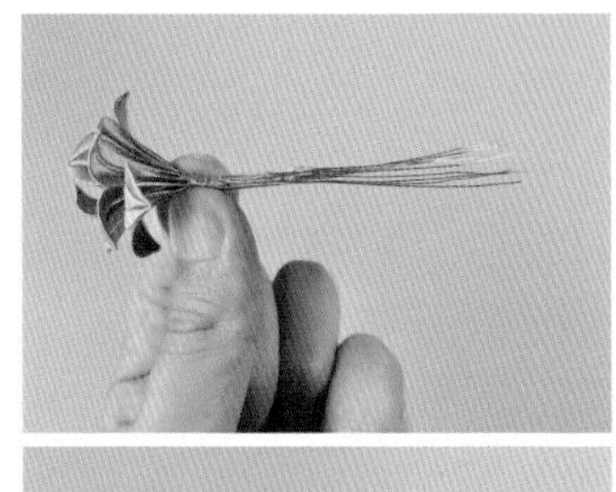

7. 可以再在下面添加一片花片，营造出玉兰花瓣的垂坠感。

8. 绑好一段花秆后，用剪钳修细花秆。

9. 将修剪好的花秆塞入珠托。珠托可以使花朵更为稳定，为花朵增加层次感和精致感。

10. 将珠托调整至合适的位置，再绑线至一定的厚度。确保珠托不会下滑后，再绑一段花秆。

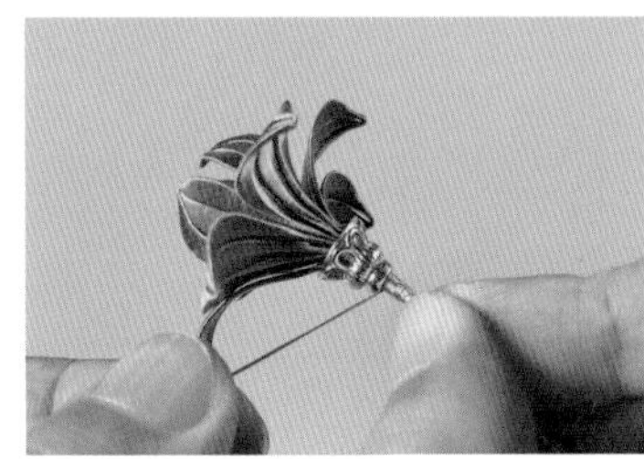

11. 制作完所有要用的玉兰花花朵。

12. 开始制作花秆，将用于点缀的小叶片绑在花秆上。

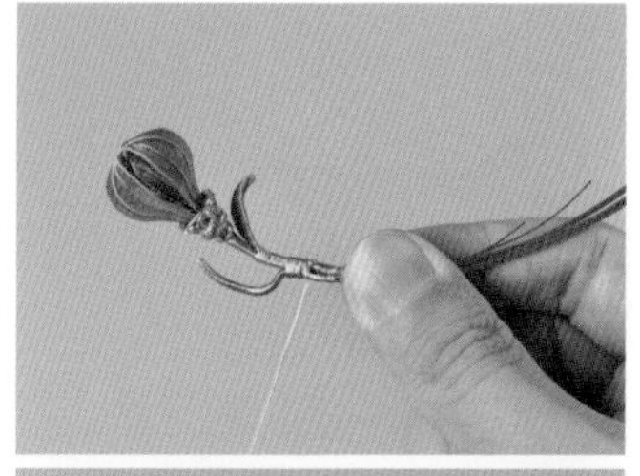

13. 将较粗的铜丝对折做一个枝杈，以加粗枝干。在绑花枝的同时加入一些自己喜欢的配件。

14. 将花杆绑线至适当的长度，表现出木兰花枝的线条感，在合适位置加入下一朵花。

15. 用剩下的花朵单独做一根花枝，增加作品整体的层次感。

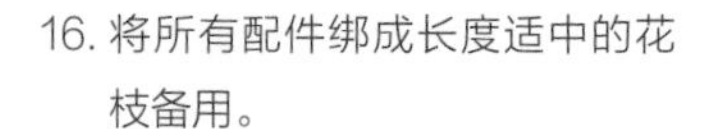

16. 将所有配件绑成长度适中的花枝备用。

17. 把所有花枝绑在一起，注意花枝的分布要尽量体现出树枝的线条感。

18. 用尼龙钳将绑好的花枝拗出想要的造型。

19. 选择要加的主体（这里用的是一根蛇形单簪），将花枝的弧度弯至与发簪贴合。

20. 将绑线捋平整后开始绑主体，直到覆盖住花杆上的所有铜丝。

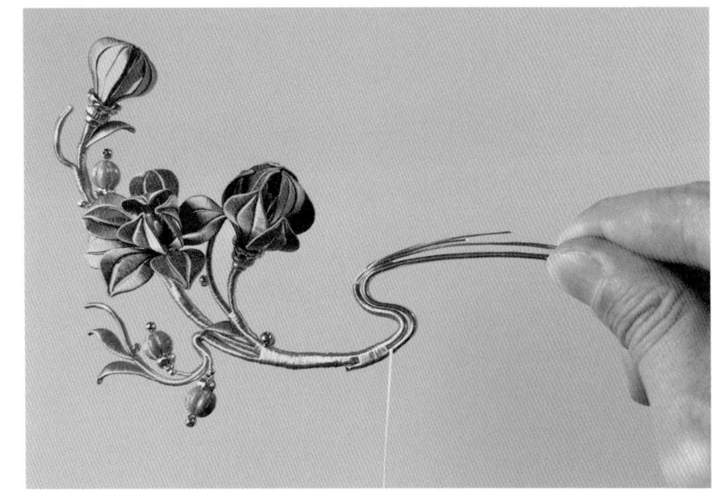

21. 将绑线收尾后，玉兰发簪就制作完成了。

本章缠花作品仅作学习用途，不可作商业用途

一

敦煌系列缠花作品

在缠花作品上运用敦煌壁画丰富艳丽又不失大气的色彩，在以金棕色为主色调的基础上完成色彩的统一，让青莲色调与金棕色调的撞色不显突兀。作品的色彩借鉴敦煌壁画里的鹿头梵志，用于搭配的叶片设计成了具有流线感的造型，使作品更显灵动。

1 2
3

1. 敦煌・梵修

2. 敦煌・飞天

3. 敦煌・宝塔雏菊

以飘带，光环，齿轮作为主要设计元素兼具现代工业感与历史感。本作品尝试消解固有观念的隔阂，结合了敦煌壁画中极乐净土中华美大气的风格与赛博朋克风格，非常独特。

1 1

1. 赛博敦煌·净世

1 3
2 4

1. 敦煌 · 瑶华调

2. 敦煌 · 昙三彩

3. 敦煌 · 霓裳

4. 敦煌 · 旋复

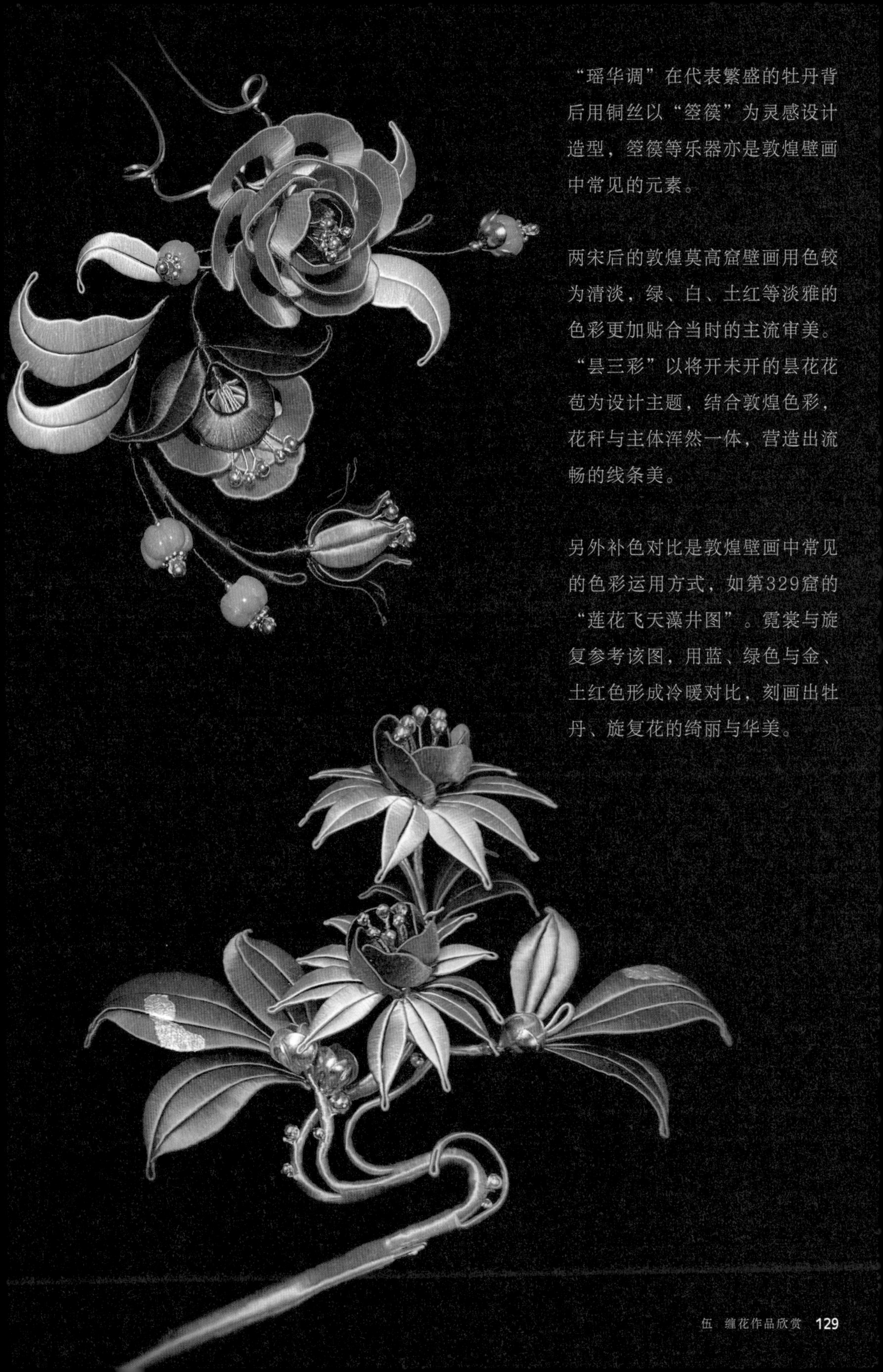

“瑶华调”在代表繁盛的牡丹背后用铜丝以“箜篌”为灵感设计造型，箜篌等乐器亦是敦煌壁画中常见的元素。

两宋后的敦煌莫高窟壁画用色较为清淡，绿、白、土红等淡雅的色彩更加贴合当时的主流审美。“昙三彩”以将开未开的昙花花苞为设计主题，结合敦煌色彩，花秆与主体浑然一体，营造出流畅的线条美。

另外补色对比是敦煌壁画中常见的色彩运用方式，如第329窟的“莲花飞天藻井图”。霓裳与旋复参考该图，用蓝、绿色与金、土红色形成冷暖对比，刻画出牡丹、旋复花的绮丽与华美。

用铜丝和圆珠作为造型上的亮点，用渐变的对比色表现出流光溢彩的效果，结合莲台造型的主花，表达一种吉祥、光明的意象美。

1 2

1. 敦煌 · 凝光炼彩

2. 敦煌 · 云芝

在敦煌壁画中常见灵芝形状的祥云，以叠加的花片表现色彩和层次感，整体的线条如国画中的“高古游丝描”般贴合敦煌壁画中的行云流水之美。

二 禅听系列缠花作品

“一花一世界，一木一浮生，一草一天堂，一叶一如来，一砂一极乐，一方一净土，一笑一尘缘，一念一清净。”设计上采用极简线条，不盲目叠加元素，构图干净、颜色雅致，同时增加叶脉、金箔、圆珠等细节，做到简约而不简单，体现极简里的高级美。

1. 枯荣 · 玫瑰缠花单簪

2. 夏姿 · 缠花单簪

3. 清荷 · 缠花蛇形发簪

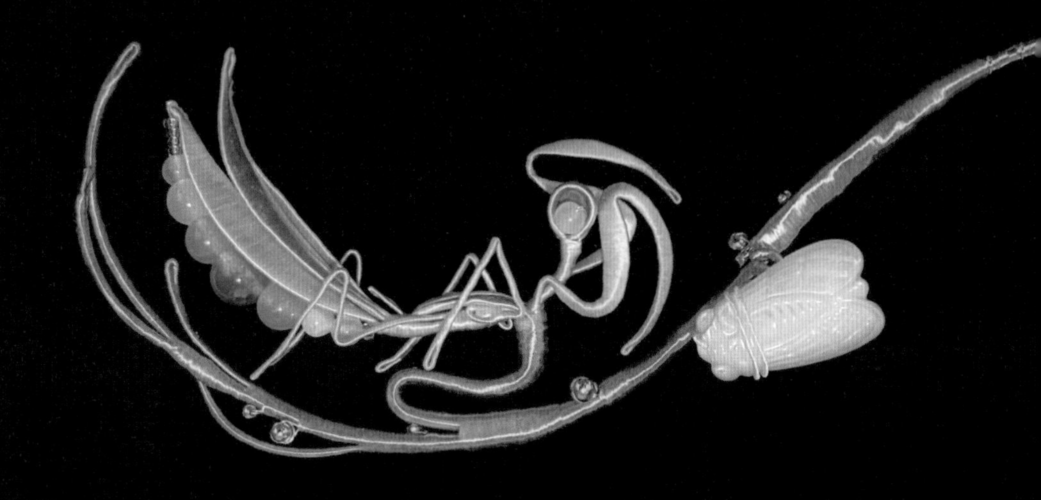

1

2 3

1. 螳螂捕蝉 · 缠花发簪

2. 一叶知秋 · 缠花发簪

3. 自在 · 佛手拈花发簪

1. 一品当朝·缠花单簪

2. 缘君·红松缠花发钗

“寒暑不能移，岁月不能败者，惟松柏为然。”用弧形花片表现松树，外形偏向写意。在松冠上以金墨描画出松针纹理，以金色绑线的花秆作为松枝，调整形态表现出坚韧苍劲之感。

蜿蜒的枝干上叠加相得益彰的元素，尽量统一不同颜色的色调和饱和度，杂乱的色彩会让人体会不到重点。设计上可以添加菩提子、金属小花等配件作为发簪上的点缀。

1 2

1. 菩提·缠花发簪

2. 岁寒三友·缠花发簪

不闻人声，时闻落子。黑白两色的平安扣意为竹叶间的黑白棋子，搭配较为随意的竹叶走向分布，营造出竹下对弈的氛围感。

1 2

1. 瓶梅 · 缠花插梳

2. 竹弈 · 缠花发簪

二

古典气韵缠花作品

梳篦作为我国传统发饰之一，有悠久的历史。古时的女性梳不离身，便形成了插梳的风气，制作精良的梳篦也可用作装饰。以梳篦为主体的缠花饰品，宜用饱和度较低的颜色和以清雅的花卉为主题，方能凸显梳篦特有的古典气质。

1 2
1 3 4

1. 蝉落寒兰 · 缠花梳篦

2. 兰若 · 缠花梳篦

3. 竹逸 · 缠花梳篦

4. 菊善 · 缠花梳篦

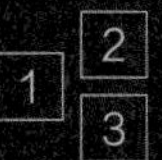

1. 玉竹金铃 · 缠花插梳
2. 竹酒 · 缠花竹节单簪
3. 青兰 · 珠蝶缠花插梳

用内敛、含蓄的线条，稳重端庄的国风传统配色（如石绿、竹绿、杏色等），表达中华园林式的古典美。在缠花作品中融入辑珠、葫芦等具有中国文化特色的元素或配件，可在缠花形式上做出创新的同时，尝试不同材料搭配出的多种可能性。

1	3
2	4

1. 倚梅 · 缠花单簪

2. 青樱红荔 · 缠花发梳

3. 蕊姬执音 · 缠花发钗

4. 凡尔赛玫瑰 · 缠花发梳

1	3
	4
2	5

1. 延绣 · 绣球缠花发钗

2. 梦蝶 · 缠花发钗

3. 霞间 · 牡丹缠花发钗

4. 如素 · 缠花耳挖簪

5. 丝萝乔木 · 缠花发簪

1	3
2	4

1. 琅嬅 · 烧蓝缠花发钗

2. 南风 · 缠花发梳

3. 一片冰心在玉壶 · 缠花发钗

3. 矜云 · 牡丹云纹发簪

四 其他作品

现代缠花作品也可以和多种材料相结合。料器的主要原料是一种熔点较低的玻璃，我国古代有以琉璃做头饰的传统，后来料器多用于制作琉璃盆景。缠花饰品光泽细腻，料器温润如水，可尝试用不同的材料和缠花相结合，也许便会产生意料之外的效果。

1. 皎月清光·山茶缠花发饰

2. 枫满山荷·缠花发钗

3. 铃兰牡丹·缠花插梳

4. 萤蝶玉盏·缠花料器发钗

1 3 4
2 5

1. 百果·缠花发钗

2. 火棘·缠花插梳

3. 萤草·缠花插梳

4. 铃兰·缠花插梳

5. 初桃·缠花软簪

摒弃繁复的花朵，以叶子或果实为主的缠花发饰更加清爽和适用于日常生活。可以只用简单的花朵点缀，以圆珠配件作为果实、花苞等元素。用花秆线条表现张力，可以用不同的做法增加叶片细节，通过控制叶片的颜色和数量也可以表现葱郁或萧瑟等不同的感觉。

1. 浮尘蝶·缠花插梳

2. 金鱼花火·缠花发钗

3. 云烛·仙鹤缠花发钗

4. 逆蝶·缠花发饰

以昆虫等动物为主体的缠花饰品，制作时自由发挥的空间较大，不用完全贴合生物本身的姿态和颜色，以写意创作为主，“拟态而非求真”。在配件的选择和用色上切忌杂乱，应使缠花作品整体保持一致性。

除了纯色，还可以尝试渐变色、过渡色、撞色等颜色搭配方式，丰富的色彩变化会让作品更加亮眼。搭配时注意颜色的明度、饱和度、纯度，色彩是造型艺术中不可或缺的要素之一，优秀的配色可以增强作品的情绪感染力和艺术美感。

1. 魔法玫瑰 · 藤蔓缠花发簪

2. 栀子 · 三叉缠花发钗

3. 青羽 · 山茶缠花插梳

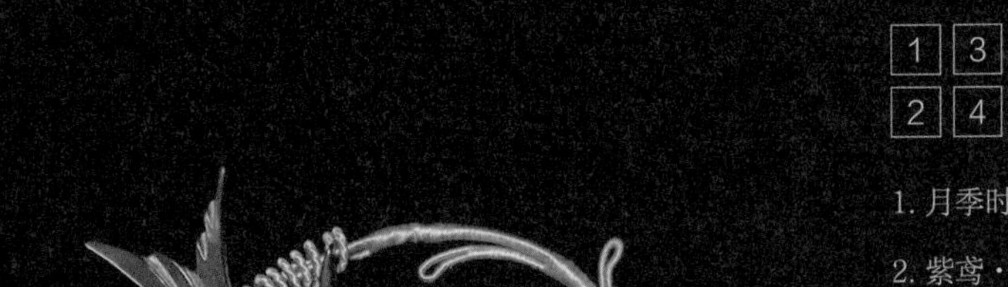

1	3
2	4

1. 月季时荣 · 缠花发饰
2. 紫鸾 · 缠花发钗
3. 燕舞云间 · 蝶贝缠花发钗
4. 迟夏 · 玫瑰缠花发梳

可以在缠花作品中用线条表现不同的美感。曲线表现流畅和张力，直线表现平静和端正；有粗细变化的线条能更好地区分主次；可以通过线条的疏密变化营造“曹衣带水”般的柔美画面留白的情趣。线条设计可以运用在花杆的造型上，也可用来表现叶脉、配件中的细节。

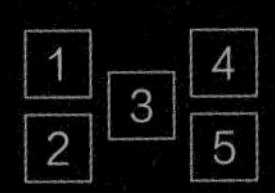

1. 化鲸·山茶缠花发饰

2. 豌青·缠花发钗

3. 金紫银青·缠花掩鬓发钗

4. 离火·缠花发簪

5. 妙蛙莲·缠花发钗

五

缠花饰品佩戴展示

摄影：莫莫莫莫Mo
模特：何首鸣qaq

摄影：莫莫莫莫Mo
模特：诸葛钢铁的铁

陆 缠花花片图典

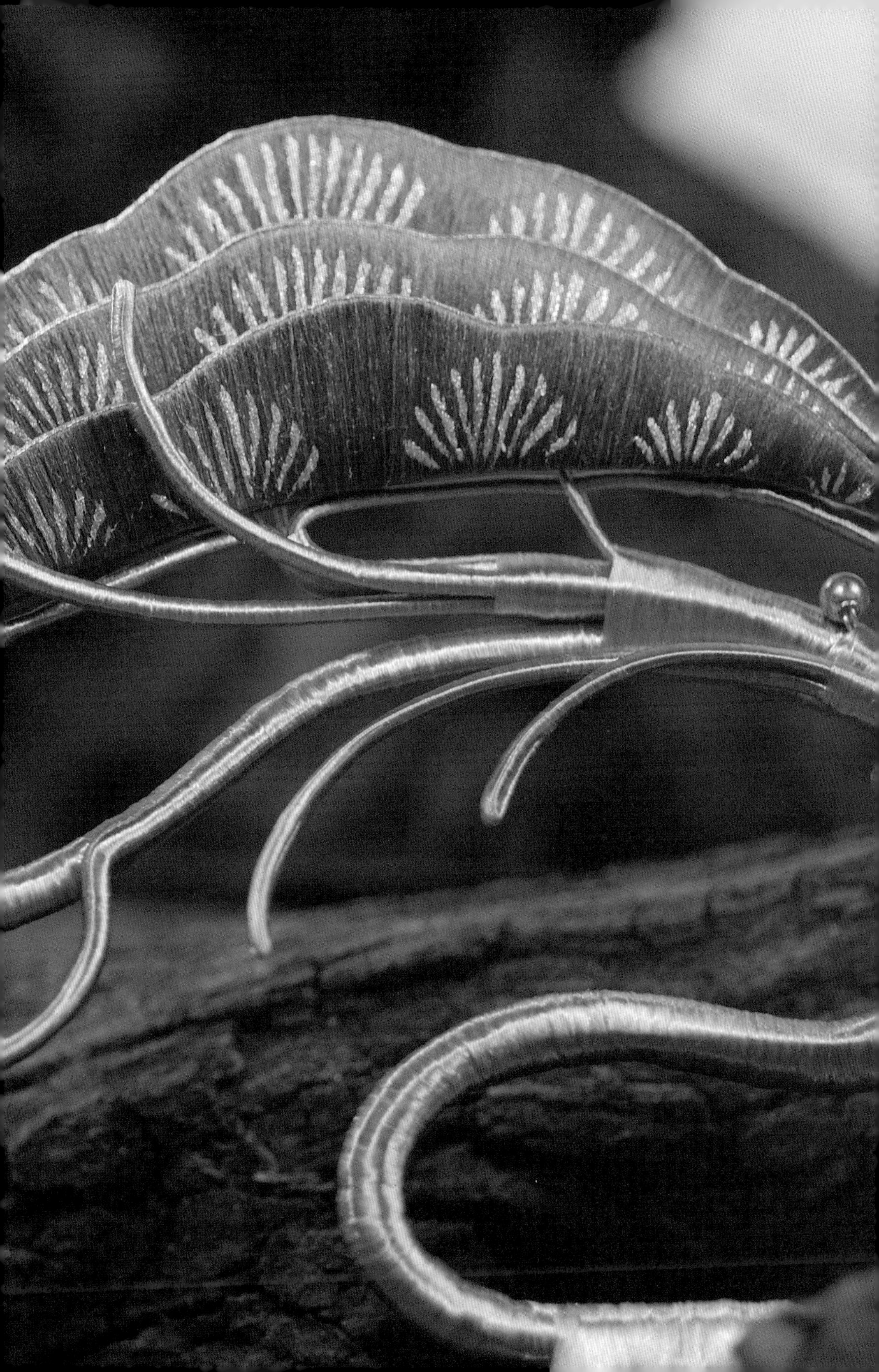

一

基础花片线稿

常用的基础花片，可以根据个人需求缩小或放大。根据作品构思与设计，花片排列组合的方式也有很多种。

根据基础花片的造型，可以衍生出不同的花片造型，不同大小的花片能组合出不同的花形。

除了组合成花朵，基础花片也可以作为叶片来使用。

可以将基础花片切分为三片、四片或更多片花片。

需要注意花片两头尽量平滑，防止缠线过程中滑线。

弧形花片线稿

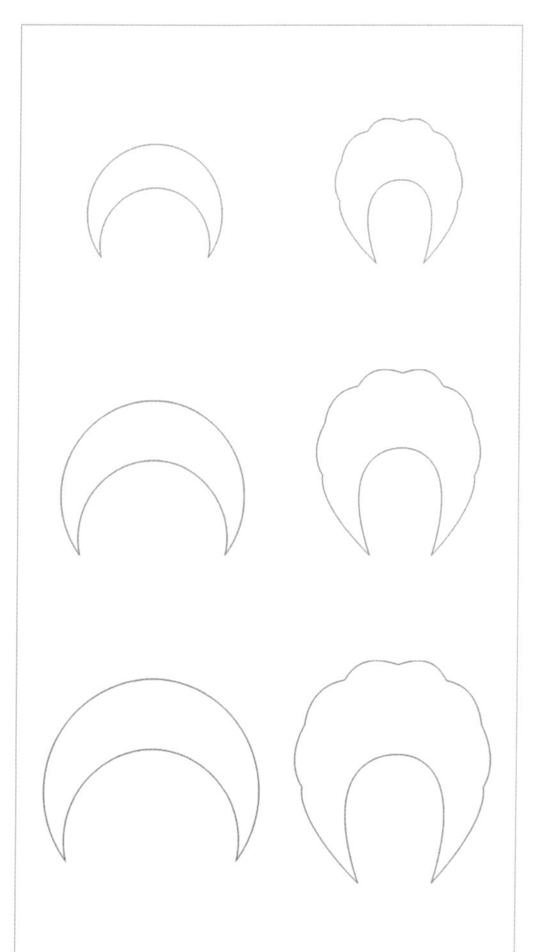

弧形花片的弧度、宽度可以根据个人的喜好和习惯来确定。

弧形花片缠线难度较大，容易滑线。在剪卡纸时把卡纸外缘的弧度修剪得平缓一些，或者用锯齿剪刀剪卡纸，增加卡纸外缘的摩擦力，都可以减少滑线情况。

组合弧形花片时，让花片稍微相互重叠，最后闭合，这样，绑好的花片整体会显得更加干净工整。可以利用不同大小的花片制作出有多层花瓣的花朵，比如用弧形花片可以制作蝴蝶的翅膀。

细长形花片线稿

兰花、水仙的叶子，以及菊花、昙花的花瓣，都会用到细长形花片。细长形花片比较容易缠线，花片弧度越平缓，成品越美观。

可以用对称或近似对称的细长形花片来制作蜻蜓的翅膀。

流线型花片线稿

流线型花片相较于基础花片形状更加灵动，制作时需要注意正反面和卡纸两端不同的样式，方向不对的话叶片就不能完全合并在一起。

流线型花片也可以切分为三片、四片或更多片花片。

流线型花片可以衍生出较细长的花片和类似祥云的花片。若不能较流畅地剪出形状，可以粗略剪下卡纸后再细致地修剪。

附录　案例花片线稿

倚梅・花片线稿

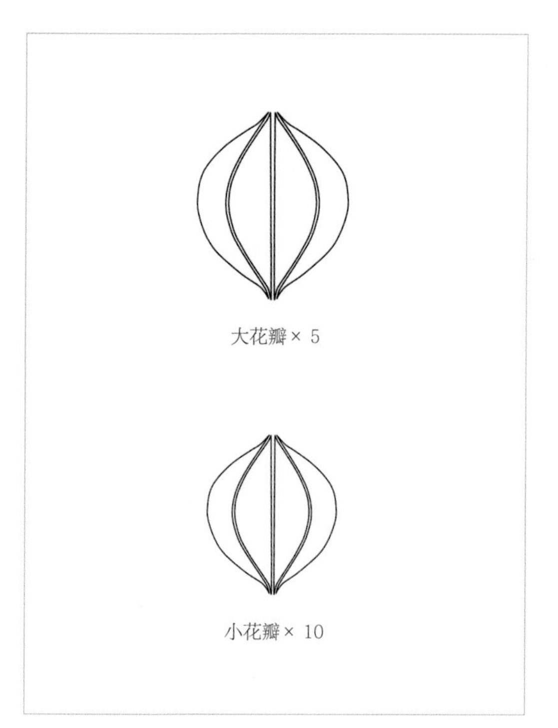

兰佩・花片线稿

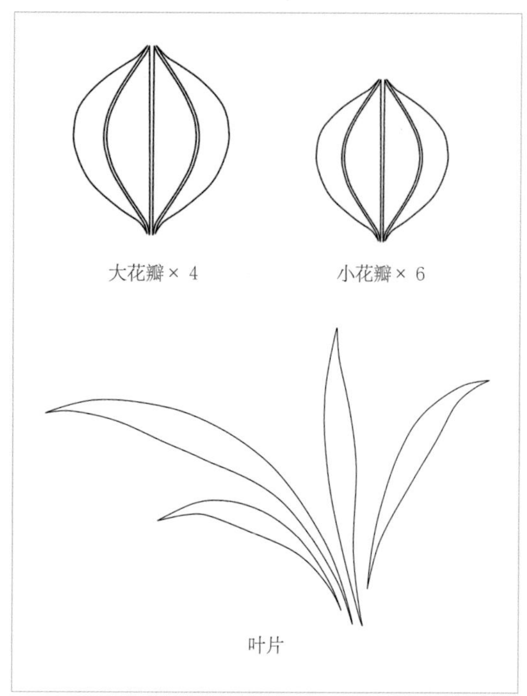

暖竹・花片线稿

菊裳・花片线稿

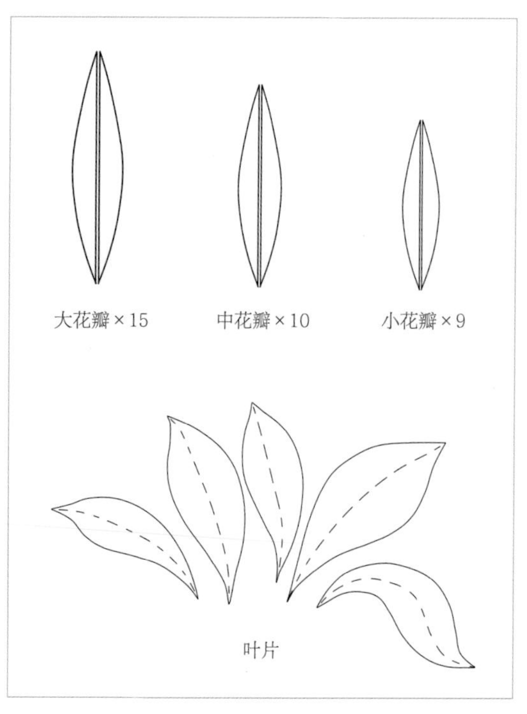

凌波·花片线稿

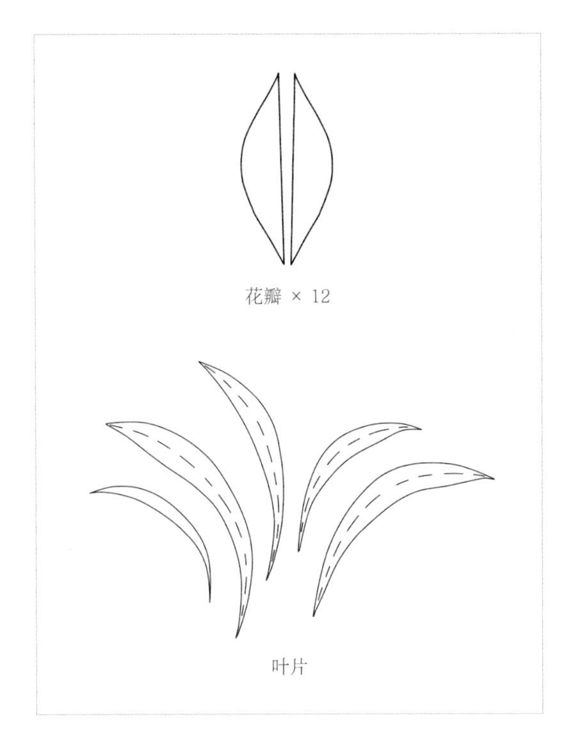

不染·花片线稿

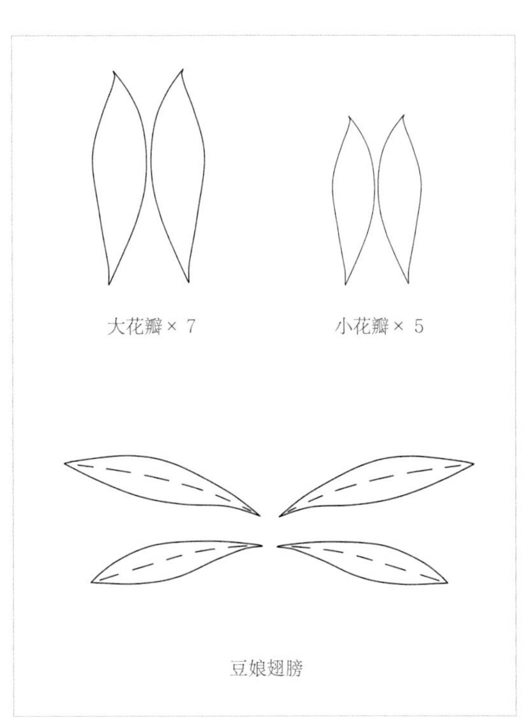

金桂·花片线稿

蝶戏·花片线稿

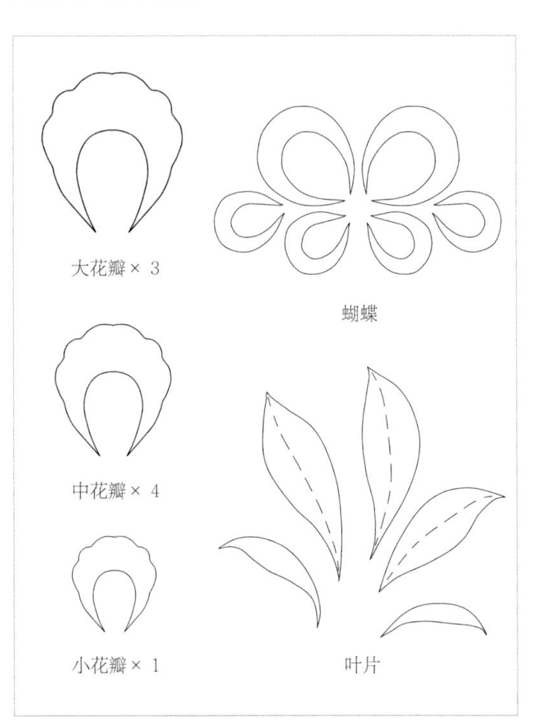

国色·花片线稿

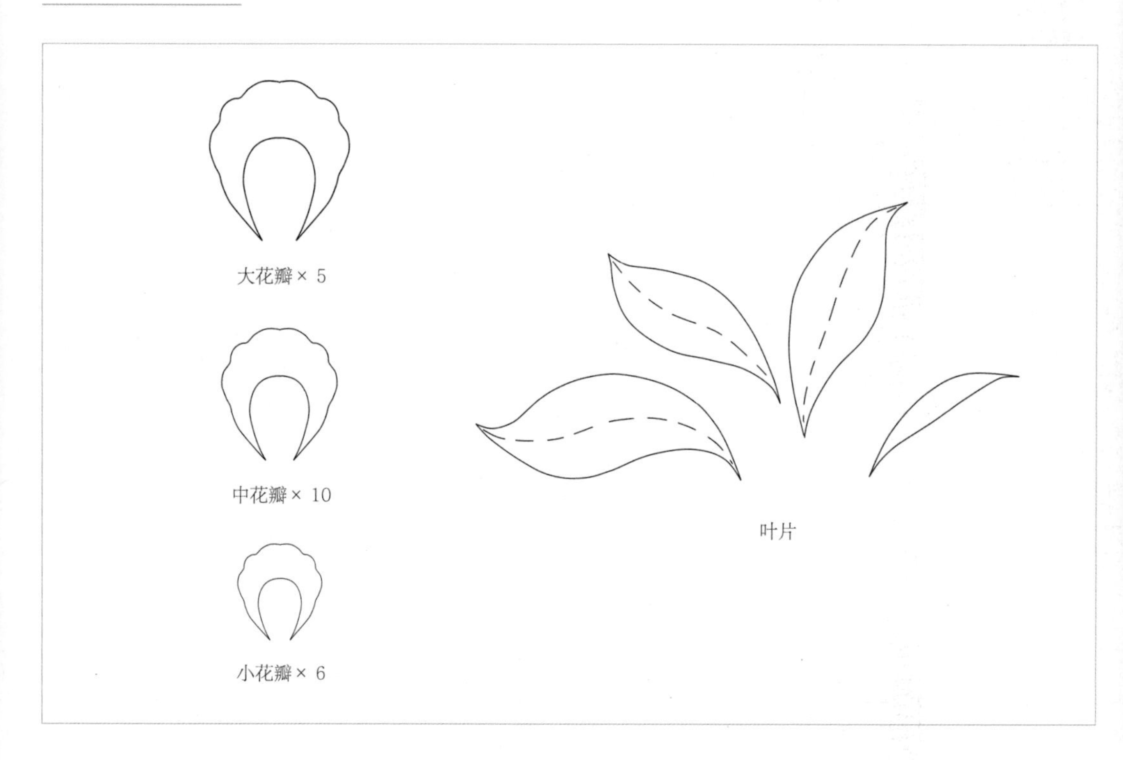

玉兰·花片线稿

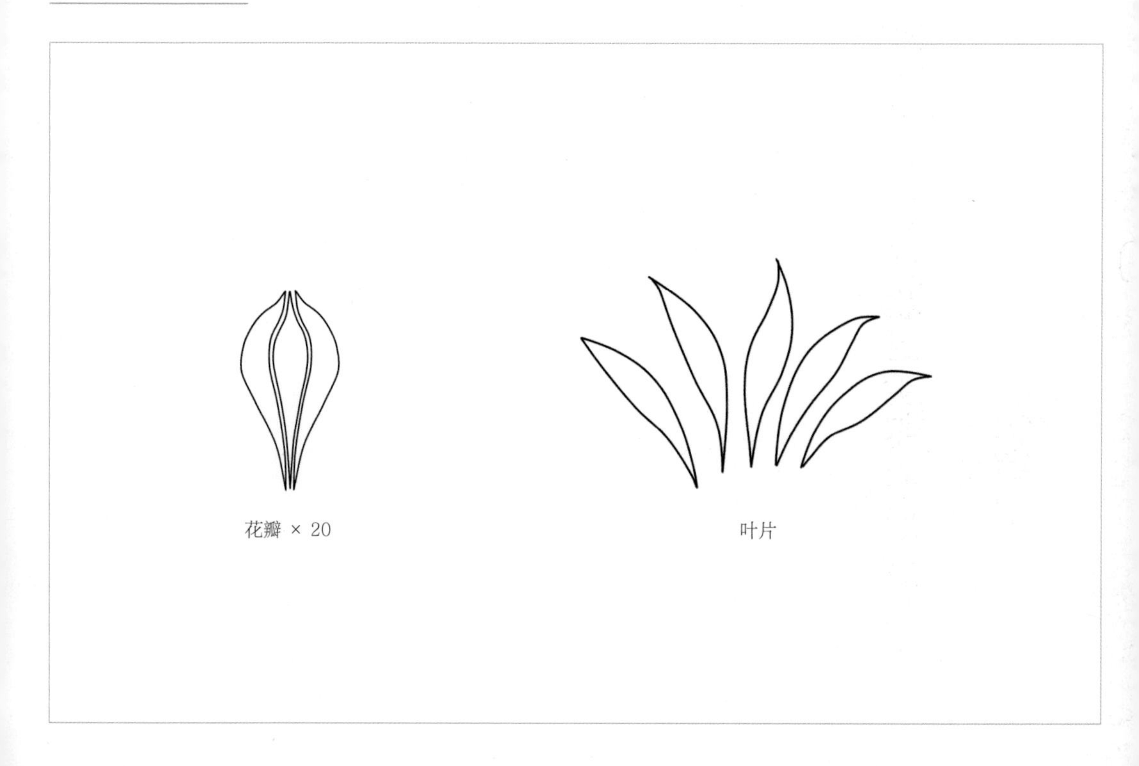